现代城市园林景观规划与设计研究

耿秀婷　张　霞　曹茹茵 ◎著

中国華僑出版社
·北京·

图书在版编目(CIP)数据

现代城市园林景观规划与设计研究 / 耿秀婷，张霞，曹茹茵著. -- 北京 : 中国华侨出版社，2021.12
ISBN 978-7-5113-8674-8

Ⅰ. ①现… Ⅱ. ①耿… ②张… ③曹… Ⅲ. ①城市－园林设计－景观规划－研究②城市－园林设计－景观设计－研究 Ⅳ. ①TU986.2

中国版本图书馆 CIP 数据核字(2021)第 238306 号

现代城市园林景观规划与设计研究

著　　者/耿秀婷　张　霞　曹茹茵
责任编辑/姜　婷
责任校对/孙　丽
封面设计/白白古拉其
经　　销/新华书店
开　　本/787 毫米×1092 毫米　1/16　印张/11.5　字数/259千字
印　　刷/炫彩(天津)印刷有限责任公司
版　　次/2022 年 8 月第 1 版　2022 年 8 月第 1 次印刷
书　　号/ISBN 978-7-5113-8674-8
定　　价/58.00 元

中国华侨出版社　北京市朝阳区西坝河东里 77 号楼底商 5 号　邮编:100028
发行部:(010)88189192
网址:www.oveaschin.com　E-mail:oveaschin@ sina.com

园林能够有效地改善环境质量，它借助于景观环境、绿地构造、园林植物等多方面的因素合理地改善着人们的生活环境，从而为大家提供良好的生活环境，创造优越的游览、休息和活动平台，也为旅游业的发展提供了十分有利的条件。城市作为我们工作、生活的场所，具有高度人工化的特点。城市规划是城市发展的战略、纲领及管理城市的依据。按照深入贯彻落实科学发展观的要求，现代城市规划更加注重城市生态的内涵，改善生态环境、提高人居质量，成为我国目前建设的主旋律。为解决空气污染、噪声污染、热岛效应等不利于人们身体健康的“城市病”，我国许多地区正致力于发展城乡一体的绿化，竞相为人们营造一道绿色的“生态屏障”。据专家预测，园林产业的发展路途久远，前景深广，距离引领世界园林趋势潮流还有相当的距离。

在我国现代化城市建设过程中，城市园林景观规划设计对突出城市品牌形象、打造生态宜居的城市环境具有重要作用，其担负着休闲娱乐、生态健康等功能。因此，对现代城市园林景观规划与设计的研究十分必要。本书围绕现代城市园林景观设计基础理论展开，深入系统地分析了现代城市的园林景观规划设计基础理论及形式，同时采用理论与实践相结合的方法，对现代城市园林景观的植物景观设计、道路与广场的设计以及公园的规划设计等方面的内容进行了较为系统、全面的探讨，最后对城市园林植物的养护管理与病虫害治理技术进行了介绍，对现代城市园林景观的规划设计有一定的促进作用。本书适合现代城市园林景观设计与规划研究者使用。

在编写中，因现代城市园林景观规划与设计内容涉及较广，我们参考了大量国内外有关著作、论文，未能一一注明，敬请谅解，并向作者深表谢意。限于编者水平，难免有疏漏与错误之处，欢迎广大读者批评指正。

目　录

第一章　园林景观设计基础概述

第一节　园林景观的概念与范畴

一、园林景观的概念

（一）园林

许多人认为园林只是指与植物相关的景观营造，在现在，这个认识并不能完全概括园林包含的内容，现代园林所包括的范围非常广泛，除了亭台楼阁、花草树木、雕塑小品，还有各种新型材料、废品利用等。园林在造景上必须是美的，要在视觉、听觉上有形象美。绿地就不一定必须有形象美。所以园林可以成为美的景观，而绿地就不一定能成为美的景观。园林还必须是一种艺术品，什么是艺术品？艺术品是一种储存“爱”的信息的载体，“园林”是一种代表城市精神文明、储存爱的信息，以植物造景为主的重要艺术品，它也可成为代表城市精神面貌的重要“市标”之一。

从布置方式上说，园林可分为三大类：第一类是规则式，代表是西方园林代表国家意大利宫殿、法国台地和中国的皇家园林；第二类是自然式，代表是中国的私家园林苏州园林、岭南园林；第三类是混合式。现代的建筑是规则式和自然式的搭配。

从开发方式上说，园林可分为两大类。一类是利用原有自然风致，去芜理乱，修整开发，开辟路径，布置园林建筑，不费人事之工就可形成的自然园林。如，唐代王维的辋川别业是将私家别墅营建在具山林湖水之胜的天然山谷区，可称为山林别墅；湖南大庸县的张家界、四川松潘县的九寨沟，具有优美风景的大范围自然区域，略加建设、开发，即可利用，称为自然风景区；泰山、黄山、武夷山等，开发历史悠久，有文物古迹、传说艺术等内容的，称为风景名胜区。另一类是人工园林，即在一定的地域范围内，为改善生态、美化环境、满足游憩和文化生活需要而创造的环境，如小游园、花园、公园等。

按照现代人的理解，园林不只是作为游憩之用，而且具有保护和改善环境的功能。植物可以吸收二氧化碳，放出氧气，净化空气；能够在一定程度上吸收有害气体和吸附尘埃，减轻污染；可以调节空气的温度、湿度，改善小气候；还有减弱噪声和防风、防火等防护作用，尤为重要的是园林在心理上和精神上的有益作用。游憩在景色优美和安静的园林中，有助于消除长时间工作带来的紧张和疲乏，使脑力、体力得到恢复。园林中的文化、游乐、体育、科普教育等活动，更可以丰富知识和充实精神生活。

（二）景观

景观，无论在西方还是在中国，都是一个难以说清的概念。地理学家把景观作为一个科学名词，定义为一种地表景象，或综合自然地理区，或呈一种类型单位的通称，如城市景观、草原景观、森林景观等；艺术家把景观作为表现与再现的对象，等同于风景建筑师则把景观作为建筑物的配景或背景；生态学家把景观定义为生态系统或生态系统的系统；旅游学家把景观当作资源。而更常见的是景观被城市美化运动者和开发商等同于城市的街景立面，霓虹灯，房地产中的园林绿化和小品、喷泉叠水。而一个更文学和广泛的定义则是能用一个画面来展示，能在某一视点上可以全览的景象。尤其是自然景象。但哪怕是同一景象，不同的人也会有很不同的理解，景观是人所向往的自然，景观是人类的栖居地，景观是人造的工艺品，景观是需要科学分析方能被理解的物质系统，景观是有待解决的问题，景观是可以带来财富的资源，景观是反映社会伦理、道德和价值观念的意识形态，景观是历史，景观是美。

景观的社会意义在于，景观应该，也必须要满足社会与人的需要。景观涉及人们生活的方方面面，现代景观是为了人的使用，这是它的功能主义目标。虽然为各种各样的目的而设计，但景观设计最终是为了人类的使用而创造室外场所。为普通人提供实用、舒适、精良的设计应该是景观设计师追求的境界。

二、园林景观的研究范畴

园林景观的概念可以从广义、狭义两个角度来理解。从广义的角度讲，城市公园绿地、庭院绿化、风景名胜区、区域性的植树造林、开发地域景观、荒废地植被建设等都属于园林的范围或范畴；从狭义的角度讲，中国的传统园林、现代城市园林和各种专类观赏园都称为园林。而“景观”一词，则是从20世纪初在美国设立的Landscape Architecture学科发展而来。20世纪80年代，在美国哈佛大学举办的国际大地规划教育学术会议明确阐述了园林景观这一学科的含义，其重点领域甚至扩大到土地利用、自然资源的经营管理、农业地区的发展与变迁、大地生态、城镇和大都会的景观。西方的景观研究观念现在已扩展到“地球表层规划”的范畴，目前国内一些学者则主张“景观”一词等同于“园林”，而事实上现代园林的发展已不局限于园林本身的意义了，所以此种论点存在很大争议。

园林景观设计作为一门综合性边缘学科，主要是研究如何应用艺术和技术手段恰当处理自然、建筑和人类活动之间的复杂关系，以达到各种生命循环系统之间和谐完美、生态良好的一门学科。园林景观是美，是栖息地，是具有结构和功能的系统，是符号，是当地的自然和人文精神。

就研究范畴而言，园林景观在微观意义上理解为：针对城市空间的设计，如广场、街道；针对建筑环境、庭院的设计；针对城市公园、园林的设计；中观意义上园林景观理解为：针对工业遗存地再开发利用，针对文化遗存的保护和开发，针对历史风貌遗存的保护开发，生态保护或生态治理相关的景观设计，以及城市内大规模景观改造和更新；宏观意义上园林景观理解为：针对自然风景的经济开发和旅游资源利用，自然环境对城市的渗透以及城市绿地体系的建立，供休憩使用的区域性绿地系统等。

第二节　当代园林的发展趋势及特征

一、当代园林的发展趋势

当今地球，臭氧层空洞、天气变暖、沙尘暴频繁、沙漠化加剧、自然灾害频发、大气污染、水资源短缺、其生态环境日趋恶化，已受到世界有识之士的普遍关注。针对当前人类生存环境不断恶化的严峻形势，世界各国都把保护环境、实现可持续发展作为今后发展的首要任务和最终目标。森林是陆地生态系统的主体，具有调节气候、涵养水源、保持水土、防风固沙、抵御自然灾害和减少污染等多种功能，对维持生态平衡、保护人类生存和发展具有不可替代的作用。绿色已成为衡量一个国家文明程度和可持续发展能力的重要标志。随着人类现代文明的发展和生态意识的提高，崇尚自然、回归自然的热潮正在全球兴起。走进森林、休闲旅游正成为人们追求的新时尚。

中国园林已从小园林（庭园）走向大园林（风景园林），从模仿自然、浓缩山水发展到走进自然、真山真水；从只为少数人欣赏游憩的闭锁空间发展到为广大民众休闲游览的开敞空间；从古典园林艺术发展为具有现代气息中西合璧、博采众长的多元化环境艺术。现代园林发展趋势主要体现在如下几个方面。

（一）规模扩大，形式多样

园林规模扩大包含数量的增多和面积的扩大。园林从狭义上讲就是庭园，从广义上讲包括皇家园林、私家园林、寺庙园林和风景名胜区。现在的发展趋向还会扩大，如城市公园数量在不断增加，乡镇纷纷建立公园，其总数与日俱增；寺庙复建和新建的很多，总数也在增加；风景区也越来越多，以森林为主体的森林公园自20世纪80年代全国第一个森林公园——张家界国家级森林公园自成立以来，如雨后春笋，数量急剧上升。另外，机关单位大院、医院学校大院、厂矿企业大院、疗养院干休所大院以及居民区小游园等达到绿化标准和园林艺术要求的都可纳入广义的园林。

（二）功能从以观赏为主向以生态为主的大目标转变

古典园林的功能为“可望、可行、可游、可居”，而风景园林常与旅游密不可分。旅游有食、住、行、游、购、娱六大要素，按功能可分为观光旅游、美食旅游、购物旅游、休闲旅游、访问旅游、生态旅游等，但围绕的中心及发展方向必然是崇尚生态、回归自然。

（三）组成元素发生变化

古典园林主要由建筑、水体、垒石、花木四部分构成。现代园林以大面积的自然山水为主，隐以少量的景点建筑和服务设施建筑；植被在天然的地带性植被的基础上，在特殊区域加入观赏性乔木灌木及花草；还有被保护的野生动物以及被招引或放养的鸟类等动物。

（四）寓意发生变化

古典园林的园名及园中的建筑、雕塑、书画、花木等都有其寓意。如，苏州沧浪亭取自《楚辞·渔父》中“沧浪之水清兮，可以濯吾缨，沧浪之水浊兮，可以濯吾足”。拙政园取自晋代潘岳《闲居赋》“灌园鬻蔬，是亦拙者之为政也”之意。园内建筑厅堂、楼阁、亭榭、轩馆等也各有寓意。拙政园的“远香堂”是赞颂荷花“出淤泥而不染，濯清涟而不妖”的高尚品德；“雪香云蔚亭”是颂扬梅花的傲骨风格。花木中牡丹象征富贵，松竹梅为“岁寒三友”，梅兰竹菊为“四君子”，竹子“未出土时便有节，及凌云处尚虚心”（郑板桥）寓意有气节、谦虚，青桐因“家有梧桐树，招得凤凰来”寓意栖凤，枇杷寓意兄弟团结，石榴寓意多子多福等。现代园林在园中有仿古建筑和园林植物，还会保留上述传统的某些审美理念，但在总体上将焕然一新，祖国大好河山处处生机勃勃，蒸蒸日上，呈现一派繁荣、和谐、富庶的光辉景象。

（五）从位置上看，园林已从城市走向山野

古典园林多数在城区，而风景园林已向城郊和山区转移。由于交通发达和旅游设施的完善，原来的深山幽谷不再遥远，原来“以小见大，以少胜多”的理念将改为“会当凌绝顶，一览众山小”（杜甫）。

（六）从风格和流派上看，风景园林将形成多元融合

风景园林将汲取西方园林艺术的长处，形成多元融合，处理好人与环境的关系，不断丰富创新中国的园林艺术，使源远流长的中国园林更加绚丽多姿，更加和谐完美，更加诗情画意，更加让人流连忘返。

二、当代园林的时代特征

随着科学技术的迅猛发展，文化艺术的不断进步，国际交流及旅游的日益方便，人们的审美观念也将发生很大变化，审美要求也将更强烈、更高级。综观世界园林绿化的发展，现代园林表现出如下特征。

第一，各国既保持自己优秀传统园林艺术的特色，又互相借鉴、融合他国之长及新创造。

第二，把过去孤立的、内向的园林转变为敞开的、外向的整个城市环境。从城市中的花园转变为花园的城市。

第三，园林中建筑密度减少了，以植物为主组织的景观取代了以建筑为主的景观。

第四，丘陵起伏的地形和建立草坪，代替大面积的挖湖堆山，减少土方工程和增加了环境容量。

第五，增加了养鱼、种藕以及栽种药用和芳香植物等生产内容。

第六，强调功能性、科学性与艺术性结合，用生态学的观点进行植物配置。

第七，新技术、新材料、新的园林机械在园林中应用越来越广泛。

第八，体现时代精神的雕塑在园林中的应用日益增多。

第三节　园林景观设计的原则

园林景观在设计的过程中一般要遵循一定的原则，本节就简要介绍园林景观设计所要遵循的原则。

一、生态性原则

景观设计的生态性主要表现在自然优先和生态文明两个方面。自然优先是指尊重自然，显露自然。自然环境是人类赖以生存的基础，尊重并净化城市的自然景观特征，使人工环境与自然环境和谐共处，有助于城市特色的创造。另外，设计中要尽可能地使用再生原料制成的材料，最大限度地发挥材料的潜力，减少能源的浪费。

二、文化性原则

作为一种文化载体，任何景观都必然处在特定的自然环境和人文环境中，自然环境条件是文化形成的决定性因素之一，影响着人们的审美观和价值取向。同时，物质环境与社会文化相互依存，相互促进，共同成长。

景观的历史文化性主要是人文景观，包括历史遗迹、遗址、名人故居、古代石刻、坟墓等。一定时期的景观作品，与当时的社会生产、生活方式、家庭组织、社会结构都有直接的联系。从景观自身发展的历史分析，景观在不同的历史阶段，具有特定的历史背景，景观设计者在长期实践中不断地积淀，形成了系列的景观创作理论和手法，体现了各自的文化内涵。从另一个角度讲，景观的发展是历史发展的物化结果，折射着历史的发展，是历史某个片段的体现。随着科学技术的进步，文化活动的丰富，人们对视觉对象的审美要求和表现能力在不断地提高，对视觉形象的审美体征，也随着历史的变化而变化。

景观的地域文化性指某一地区由于自然地理环境的不同而形成的特性。人们生活在特定的自然环境中，必然形成与环境相适应的生产生活方式和风俗习惯，这种民俗与当地文化相结合形成了地域文化。

在进行景观创作甚至景观欣赏时，必须分析景观所在地的地域特征、自然环境，入乡随俗，见人见物，充分尊重当地的民族系统，尊重当地的礼仪和生活习惯，从中抓住主要特点，经过提炼融入景观作品中，这样才能创作出优秀的作品。

三、艺术性原则

景观不是绿色植物的堆积，不是建筑物的简单摆放，而是各生态群落在审美基础上的艺术配置，是人为艺术与自然生态的进一步和谐。在景观配置中，应遵循统一、协调、均衡、韵律四大基本原则，使景观稳定、和谐，让人产生柔和、平静、舒适和愉悦的美感。

第四节　园林景观设计的构图

一、园林景观的构图形式

（一）规则式园林

这类园林又称整形式、建筑式或几何式园林。西方园林，从埃及、希腊、罗马起到18世纪英国风景式园林产生以前，基本上以规则式为主，其中以文艺复兴时期意大利台地建筑园林和17世纪法国勒诺特平面图案式园林为代表。这一类园林，以建筑式空间布局作为园林风景的主要题材，其特点强调整齐、对称和均衡，有明显的主轴线，主轴线两边的布置是对称的。规则式园林给人以整齐、有序、形色鲜明之感。中国北京天安门广场园林、大连市斯大林广场、南京中山陵以及北京天坛公园都属于规则式园林。其基本特征如下。

1. 地形地貌

在平原地区，由不同标高的水平面及缓倾斜的平面组成，在山地及丘陵地，需要修筑成有规律的阶梯状台地，由阶梯式的大小不同的水平台地、倾斜平面及石级组成，其剖面均由曲线构成。

2. 水体

水体外形轮廓均为几何形。采用整齐式驳岸，园林水景的类型以整形水池、壁泉、喷泉、整形瀑布及运河等为主，其中常运用雕像配合喷泉及水池为水景喷泉的主题。

3. 建筑

园林不仅个体建筑采用中轴对称均衡的设计，而且建筑群和大规模建筑组群的布局，也采取中轴对称的手法，布局严谨，以主要建筑群和次要建筑群形式的主轴和副轴控制全园。

4. 道路广场

园林中的空旷地和广场外形轮廓均为几何形。封闭性的草坪、广场空间，以对称建筑群或规则式林带、树墙包圈，在道路系统上，由直线、折线或有轨迹可循的曲线所构成，构成方格形或环状放射形，中轴对称或不对称的几何布局，常与棋纹花坛、水池组合成各种几何图案。

5. 种植设计

植物的配置呈有规律有节奏的排列、变化，或组成一定的图形、图案或色带，强调成行等距离排列或做有规律的简单重复，对植物材料也强调整形，修剪成各种几何图形。园内花卉布置用以图案为主题的棋纹花坛和花境为主，花坛布里以图案式为主，或组成大规模的花坛群，并运用大量的绿篱、绿墙以区划和组织空间。树木整形修剪以模拟建筑体形和动物物态为主，如绿柱、绿塔、绿门、绿亭和用常绿树修剪而成的鸟兽等。

6. 园林其他景物

除建筑、花坛群、规则式水景和大量喷泉等主景以外，其余常采用盆树、盆花、瓶饰、雕像为主要景物，雕像的基座为规则式，雕像位置多配置于轴线的起点、终点或支点上。表现规则式的园林，以意大利台地园和法国宫廷园为代表，给人以整洁明朗和富丽堂皇的感觉。遗憾的是缺乏自然美，一目了然，并有管理费工之弊。中国北京天坛公园、南京中山陵都是规则式的，它给人以庄严、雄伟、整齐和明朗之感。

（二）自然式园林

这一类园林又称风景式、不规则式、山水派园林等。中国园林，从有历史记载的周秦时代开始，无论大型的帝皇苑囿还是小型的私家园林，多以自然式山水园林为主，古典园林中可以北京颐和园，承德避暑山庄，苏州拙政园、留园为代表。中国自然式山水园林，从唐代开始影响了日本的园林。从 18 世纪后半期传入英国，从而引起了欧洲园林对古典形式主义的革新运动，自然式园林在世界上以中国的山水园与英国式的风致园为代表。

自然式构图的特点是：它没有明显的主轴线，其曲线无轨迹可循，自然式绿地景色变化丰富、意境深邃、委婉。中华人民共和国成立以来的新建园林，如北京的陶然亭公园、紫竹院公园，上海虹口鲁迅公园等也都进一步发扬了这种传统布局手法。这一类园林，以自然山水作为园林风景表现的主要题材，其基本特征如下。

1. 地形地貌

平原地带，地形起伏富于变化，地形为自然起伏的和缓地形与人工堆置的若干自然起伏的土丘相结合，其断面为和缓的曲线，在山地和丘陵地，则利用自然地形地貌，除建筑和广场基地以外不搞人工阶梯形的地形改造工作，原有破碎侧面的地形地貌也加以人工整理，使其自然。

2. 水体

水体轮廓为自然的曲线，岸为各种自然曲线的倾斜坡度，如有驳岸，亦为自然山石驳岸。园林水景的类型多以小溪、池塘、河流、自然式瀑布、池沼、湖泊等为主，常以瀑布为水景主题。

3. 建筑

园林内个体建筑为对称或不对称均衡的布局，其建筑群和大规模建筑组群，多采取不对称均衡的布局。对建筑物的造型和建筑布局不强调对称，善于与地形结合。全园不以轴线控制，而以主要导游线构成的连续构图控制全园。

4. 道路广场

广场的外缘轮廓线和通路曲线自由灵活。园林中的空旷地和广场的轮廓为自然形的封闭性的空旷地和广场，被不对称的建筑群、土山、自然式的树丛和林带所包围。道路平面和剖面由自然起伏曲折的平面线和竖曲线组成。

5. 种植设计

绿化植物的配置不成行列式，没有固定的株行距，充分发挥树木自由生长的姿态。不强求造型，着重反映植物自然群落之美，树木配植以孤立树、树丛、树林为主，不用规则修剪的绿篱，树木整形不做建筑、鸟兽等体形模拟，而以模拟自然界苍老的大树为主，以自然的树丛、树群、树带来区划和组织园林空间。注意色彩和季相变化，花卉布置宜以花丛、花群为主，不用模纹花坛。林缘和天际线有疏有密、有开有合，富有变化，自然和缓。在充分掌握植物的生物学特性的基础上，不同种和品种的植物可以配置在一起，以自然界植物生态群落为蓝本，构成生动活泼的自然景观。

6. 园林其他景物

除建筑、自然山水、植物群落等主景以外，其余尚采用山石、假石、桩景、盆景、雕刻为主要景物，其中雕像的基座为自然式，多配置于透视线集中的焦点，自然式园林在世界上以中国的山水园与英国式的风致园为代表。

（三）混合式园林

严格说来，绝对的规则式和绝对的自然式园林，在现实中是很难做到的。像意大利园林除中轴以外，台地与台地之间，仍然为自然式的树林，只能说是以规则式为主的园林。北京的颐和园，在行宫的部分，以及构图中心的佛香阁，也采用了中轴对称的规则布局，因此，只能说它是以自然式为主的园林。

实际上，在建筑群附近及要求较高的园林植物类型必然要采取规则式布局，而在离开建筑群较远的地点，在大规模的园林中，只有采取自然式的布局，才易达到因地制宜和经济的要求。

园林中，如规则式与自然式比例差不多的园林，可称为混合式园林，如广州起义烈士陵园、北京中山公园、广东新会城镇文化公园等。混合式园林是综合规则与自然两种类型的特点，把它们有机地结合起来，这种形式应用于现代园林中，既可发挥自然式园林布局设计的传统手法，又能吸取西洋整齐式布局的优点，创造出既有整齐明朗、色彩鲜艳的规则式部分，又有丰富多彩、变化无穷的自然式部分。其手法是在较大的现代园林建筑周围或构图中心，采用规则式布局，在远离主要建筑物的部分，采用自然式布局，因为规则式布局易与建筑的几何轮廓线相协调，且较宽广明朗，然后利用地形的变化和植物的配置逐渐向自然式过渡，这种类型在现代园林中间用之甚广。实际上大部分园林都有规则部分和自然部分，只是所占比重不同而已。

在做规划设计时，选用何种类型不能单凭设计者的主观愿望，而要根据功能要求和客观可能性。比如说，一块处于闹市区的街头绿地，不仅要满足附近居民早晚健身的要求，还要考虑过往行人在此做短暂逗留的需要，则宜用规则不对称式。绿地若位于大型公共建筑物前，则可作规则对称式布局；绿地位于具有自然山水地貌的城郊，则宜用自然式，地形较平坦，周围自然风景较秀丽，则可采用混合式。由此可知，影响规划形式的有绿地周围的环境条件，还有物质来源和经济技术条件。环境条件包括的内容很多，有周围建筑物的性质、造型、交通、居民情况等。经济技术条件包括投资和物质来源，技术条件指的是技术为量和艺术水平。一块绿地决定采用何种类型，必须对这些因素作综合考虑后，才能做出决定。

在公园规划工作中，原有地形平坦的可规划成规则式，原有地形起伏不平的，丘陵、水面多的可规划为自然式；原有自然式树木较多的可规划自然式，树木少的可规划为规则式；大面积园林以自然式为宜，小面积以规则式较经济；四周环境为规则式宜规划规则式，四周环境为自然式则宜规划成自然式。林荫道、建筑广场的街心花园等以规则式为宜。居民区、机关、工厂、体育馆、大型建筑物前的绿地以混合式为宜。

二、园林景观的构图原理

（一）园林景观构图的含义

所谓构图即组合、联想和布局的意思。园林景观构图是在工程、技术、经济可能的条件下，组合园林物质要素（包括材料、空间、时间），联系周围环境，并使其协调，取得景观绿地形式美与内容高度统一的创作技法，也就是规划布局。这里园林景观绿地的内容，即性质、空间、时间是构图的物质基础。

（二）园林景观构图的特点

1. 园林是一种立体空间艺术

园林景观构图是以自然美为特征的空间环境规划设计，绝不是单纯的平面构图和立面构图。因此，园林景观构图要善于利用地形、地貌、自然山水、绿化植物，并以室外空间为主又与室内空间互相渗透的环境创造景观。

2. 园林景观的构图是综合的造型艺术

园林美是自然美、生活美、建筑美、绘画美、文学美的综合，它是以自然美为特征，有了自然美，园林绿地才有生命力。因此，园林景观绿地常借助各种造型艺术加强其艺术表现力。

3. 园林景观构图受时间变化影响

园林绿地构图的要素如园林植物、山、水等的景观都随时间、季节而变化，春、夏、秋、冬植物景色各异，山水变化无穷。

4. 园林景观构图受地区自然条件的制约

不同地区的自然条件，如日照、气温、湿度、土壤等各不相同，其自然景观也都不一样园林景观绿地只能因地制宜，随势造景，景因境出。

（三）园林景观构图的基本要求

第一，园林景观构图应先确定主题思想，即意在笔先，它还必须与园林绿地的实用功能相统一，要根据园林绿地的性质、功能确定其设施与形式。

第二，要根据工程技术、生物学要求和经济上的可能性进行构图。

第三，按照功能进行分区，各区要各得其所，景色在分区中要各有特色，化整为零，园中有园，互相提携又要多样统一，既分隔又联系，避免杂乱无章。

第四，各园都要有特点，有主题，有主景；要主题突出主次分明，避免喧宾夺主。

第五，要根据地形地貌特点，结合周围景色环境，巧于因借，做到“虽由人作，宛自天开”，避免矫揉造作。

要具有诗情画意，发扬中国园林艺术的优秀传统，把现实风景中的自然美，提炼为艺术美，上升为诗情和画境。园林造景，要把这种艺术中的美搬回现实中来。实质上就是把规划的现实风景提高到诗和画的境界，使人见景生情，产生新的诗情画意。

三、园林景观构图的基本规律

（一）统一与变化

任何完美的艺术作品，都有若干不同的组成部分，各组成部分之间既有区别，又有内在联系，通过一定的规律组成一个整体。其各部分的区别和多样是艺术表现的变化，其各部分的内在联系和整体是艺术表现的统一。有多样变化，又有整体统一，是所有艺术作品表现形式的基本原则。园林构图的统一变化，常具体表现在对比与协调、韵律与节奏、联系与分隔等方面。

l. 对比与协调

对比、协调是艺术构图的一种重要手法，它是运用布局中的某一因素（如体量、色彩等）中，两种程度不同的差异取得不同艺术效果的表现形式，或者说是利用人的错觉来互相衬托的表现手法。差异程度显著的表现称对比，能彼此对照，互相衬托，更加鲜明地突出各自的特点；差异程度较小的表现称为协调，使彼此和谐，互相联系，产生完整的效果。园林景色要在对比中求协调，在协调中求对比，使景观既丰富多彩、生动活泼，又突出主题、风格协调。

对比与协调只存在于同一性质的差异之间，如体量的大小，空间的开敞与封闭，线条的曲直，颜色的冷暖、明暗，材料质感的粗糙与光滑等，而不同性质的差异之间不存在协调与对比，如体量大小与颜色冷暖就不能比较。

2. 韵律与节奏

韵律节奏就是艺术表现中某一因素做有规律的重复，有组织的变化。重复是获得韵律的必要条件，只有简单的重复而缺乏规律的变化，就令人感到单调、枯燥，而有交替、曲折变化的节奏就显得生动活泼。所以韵律节奏是园林艺术构图多样统一的重要手法之一。

3. 联系与分隔

园林绿地都是由若干功能使用要求不同的空间或者局部组成的，它们之间都存在必要的联系与分隔，一个园林建筑的室内与庭院之间也存在联系与分隔的问题。

园林布局中的联系与分隔是组织不同材料、局部、体形、空间，使它们成为一个完美的整体的手段，也是园林布局中取得统一与变化的手段之一。

（二）均衡与稳定

由于园林景物是由一定的体量和不同材料组成的实体，因而常常表现出不同的重量感。探讨均衡与稳定的原则，是为了获得园林布局的完整和安定感，这里所说的稳定，是指园林布局的整体上下轻重的关系。而均衡是指园林布局中的部分与部分的相对关系，如左与右、前与后的轻重关系等。

1. 均衡

自然界静止的物体要遵循力学原则，以平衡的状态存在，不平衡的物体或造景使人产生不稳定和运动的感觉。在园林布局中要求园林景物的体量关系符合人们在日常生活中形成的平衡安定的概念，所以除少数动势造景外，一般艺术构图都力求均衡。

2. 稳定

自然界的物体由于受地心引力的作用，为了维持自身的稳定，靠近地面的部分往往大而重，而在上面的部分则小而轻，如，山、土壤等，从这些物理现象中，人们就获得了重心靠下、底面积大可以获得稳定感的概念。园林布局中稳定的概念，是指园林建筑、山石和园林植物等上大下小所呈现的轻重感的关系而言。

在园林布局上，往往在体量上采用下面大、向上逐渐缩小的方法来取得稳定坚固感，中国古典园林中的高层建筑如颐和园的佛香阁、西安的大雁塔等，都是通过建筑体量上由底部较大而向上逐渐递减缩小，使重心尽可能降低以取得结实稳定的感觉。

另外，在园林建筑和山石处理上也常利用材料、质地所给人的不同的重量感来获得稳定感。如园林建筑的基部墙面多用粗石和深色的表面处理，而上层部分采用较光滑或色彩较浅的材料，在带石的土山上，也往往把山石设置在山麓部分而给人以稳定感。

（三）空间组织

空间组织与园林绿地构图关系密切，空间有室内、室外之分，建筑设计多注意室内空间的组织，建筑群与园林绿地规划设计，则多注意室外空间的组织及室内外空间的渗透过渡。

园林绿地空间组织的目的首先是在满足使用功能的基础上，运用各种艺术构图的规律创造既突出主题、又富于变化的园林风景；其次是根据人的视觉特性创造良好的景物观赏条件，适当处理观赏点与景物的关系，使一定的景物在一定的空间里获得良好的观赏效果。

1. 视景空间的基本类型

（1）开敞空间与开朗风景

人的视平线高于四周景物的空间是开敞空间，开敞空间中所见到的风景是开朗风景，开敞空间中，视线可延伸到无穷远处，视线平行向前，视觉不易疲劳。开朗风景，目光宏远，心胸开阔，壮宽豪放。“登高壮观天地间，大江茫茫去不还”，正是开敞空间、开朗风景的写照。但开朗风景中如游人视点很低，与地面透视成角很小，则远景模糊不清，有时只见到大片单调天空。如提高视点位置，透视成角加大，远景鉴别率也大大提高，视点越高，视界越宽阔，因而有“欲穷千里目，更上一层楼”的需要。

（2）闭锁空间与闭锁风景

人的视线被四周屏障遮挡的空间是闭锁空间，闭锁空间中所见到的风景是闭锁风景。屏障物之顶部与游人视线所成角度越大，则闭锁性越强；反之，成角越小，则闭锁性也越小，这也与游人和景物的距离有关，距离越近，闭锁性越强，距离越远，闭锁性越小。闭锁风景，近景感染力强，四面景物，可琳琅满目，但久赏易感闭塞而觉疲劳。

（3）纵深空间与聚景

道路、河流、山谷两旁有建筑、密林，山丘等景物阻挡视线而形成的狭长空间叫纵深空间。人们在纵深空间里，视线的注意力很自然地被引导到轴线的端点，这样形成风景叫聚景。开朗风景，缺乏近景的感染，而远景又因和视线的成角小、距离远，而使人感觉色彩和形象不鲜明，所以园林中，如果只有开朗景观，虽然给人以辽阔宏远的情感，但久看觉得单调。因此，希望能有些闭锁风景近览，但闭锁的四合空间，如果四面环抱的土山、树丛或建筑，与视线所成的仰角超过 15 度，景物距离又很近时，则有井底之蛙的闭塞感，所以园林中的空间构图，不要片面强调开朗，也不要片面强调闭锁。在同一园林中，既要有开朗的局部，也要有闭锁的局部，开朗与闭锁综合应用，开中有合，合中有开，两者共存，相得益彰。

（4）静态空间与静态风景

视点固定时观赏景物的空间叫作静态空间，在静态空间中所观赏的风景叫静态风景。

在绿地中要布置一些花架、座椅、平台供人们休息和观赏静态风景。

（5）动态空间与动态风景

游人在游览过程中，通过视点移动进行观景的空间叫作动态空间，在动态空间观常到的连续风景画面叫作动态风景。在动态空间中游人走动，景物随之变化，即所谓“步移景易”。为了使动态景观有起点，有高潮，有结束，必须布置相应的距离和空间。

2. 空间展示程序与导游线

风景视线是紧相联系的，要求有戏剧性的安排、音乐般的节奏，既要有起景、高潮、结景空间，又要有过渡空间，使空间可主次分明，开、闭、聚适当，大小尺度相宜。

3. 空间的转折有急转与缓转之分

在规则式园林空间中常用急转，如在主轴线与副轴线的交点处。在自然式园林空间中常用缓转，缓转有过渡空间，如在室内外空间之间设有空廊、花架之类的过渡空间。两空间之分隔有虚分与实分。两空间干扰不大，须互通气息者可虚分，如用疏林、空廊、漏窗、水面等。两空间功能不同、动静不同、风格不同宜实分，可用密林、山阜、建筑实墙来分隔。虚分是缓转，实分是急转。

第五节　园林景观设计的理论基础

一、文艺美学

在当代社会发展中，景观设计师往往必须具备规划学、建筑学、园艺学、环境心理艺术设计学等多方面的综合素质，那么所有这些学科的基础便是文艺美学。具备这一基础，再加之理性的分析方法，用审美观、科学观进行反复比较，最后才能得出一种最优秀的方案，创造出美的景观作品。而在现代园林景观设计中，遵循形式美规律已成为当今景观设计的一个主导性原则。美学中的形式美规律是带有普遍性和永恒性的法则，是艺术内在的形式，是一切艺术流派学依据。运用美学法则，以创造性的思维方式去发现和创造景观语言是人们的最终目的。

和其他艺术形式一样，园林景观设计也有主从与重点的关系。自然界的一切事物都呈现出主与从的关系，如植物的干与枝、花与叶，人的躯干与四肢。社会中工作的重点与非重点，小说中人物的主次等都存在主次的关系。在景观设计中也不例外，同样要遵守主景与配景的关系，要通过配景突出主景。

总之，园林景观设计需要具备一定的文艺美学基础才能创造出和谐统一的景观，正是经过在自然界和社会的历史变迁，人们发现了文艺美学的一般规律，才会在景观设计这一学科上塑造出经典，让人们在美的环境中继续为社会乃至世界创造财富。

二、景观生态学

景观生态学是研究在一个相当大的领域内，由许多不同生态系统所组成的整体的空间结构、相互作用、协调功能以及动态变化的一门生态学新分支。在20世纪30年代末，德国地理植物学家特罗尔（Carl Troll）首先提出景观生态学这一概念。他指出景观生态学由地理学的景观和生物学的生态学两者组合而成，是表示支配一个地域不同单元的自然生物综合体的相互关系分析。进入20世纪80年代以后，景观生态学才真正意义上实现了全球的研究热潮。另一位德国学者布克威德（Buchwaid）进一步发展了景观生态的思想，他认为景观是个多层次的生活空间，是由陆圈、生物圈组成的相互作用的系统。

20世纪40年代以后，全球人类面临着人口、粮食、环境等众多问题，加之工业革命带动城市的迅速发展，致使生态系统遭到破坏。人类赖以生存的环境受到严峻考验。这时一批城市规划师、景观设计师和生态学家们开始关注并极力解决人类面临的问题。美国景观设计之父奥姆斯特德（Frederick Law Olmsted）正是其中之一，他建立了当时景观设计的准则，标志着景观规划设计专业勇敢地承担起后工业时代重大的人类整体生态环境设计的重任，使景观规划设计在奥姆斯特德奠定的基础上又大大扩展了活动空间。景观生态要素包括水环境、地形、植被等几个方面。

（一）水环境

水是全球生物生存必不可少的资源，其重要性不亚于生物对空气的需要。地球上的生物包括人类的生存繁衍都离不开水资源。而水资源对城市的景观设计来说又是一种重要的造景素材。一座城市因为有山水的衬托而显得更加有灵气。除了造景的需要，水资源还具有净化空气、调节气候的功能。在当今的城市发展中，人们已经越来越认识到对河流湖泊的开发与保护，临水的土地价值也一涨再涨。虽然人们对河流湖泊的改造和保护达成了共识，但具体的保护水资源的措施却存在严重的问题。比如对河道进行水泥护堤的建设，忽视了保持河流两岸原有地貌的生态功效，致使河水无法被净化等。

（二）地形

大自然的鬼斧神工给地球塑造出各种各样的地貌形态，平原、高原、山地、山谷等都是自然馈赠于人们的生存基础。在这些地表形态中，人类经过长期的摸索与探索繁衍出一代又一代的文明和历史。今天，人们在建设改造宜居的城市时，关注的焦点除了将城市打造得更加美丽、更加人性化以外，更重要的还在于减少对原有地貌的改变，维护其原有的生态系统。在城市化进程迅速加快的今天，城市发展用地略显局促，在保证一定的耕地的条件下，条件较差的土地开始被征为城市建设用地。因此，在城市建设时，如何获得最大的社会、经济和生态效益是人们需要思考的问题。

（三）植被

植被不但可以涵养水源，保持水土，还具有美化环境、调节气候、净化空气的功效。因此，植被是景观设计中不可缺少的素材之一。因此，无论是在城市规划、公园景观设计还是在居民区设计中，绿地、植被是规划中重要的组成部分。此外，在具体的景观设计实践时，还应该考虑树形、树种的选择，考虑速生树和慢生树的结合等因素。

三、环境心理学

社会经济的发展让人们逐渐追求更新、更美、更细致的生活质量和全面发展的空间。人们希望在空间环境中感受到人性化的环境氛围，拥有心情舒畅的公共空间环境。同时，人的心理特征在多样性的表象之中，又蕴含着一般规律性。比如有人喜欢抄近路，当知道目的地时，人们都是倾向于选择最短的旅程。

另外，当在公共空间时，标志性建筑、标志牌、指示牌的位置如果明显、醒目、准确到位，那么对方向感差的人会有一定的帮助。

人居住地的周围公共空间环境对人的心理也有一定的影响。如果公共空间环境提供给人的是所需要的环境空间，在空间体量、形状、颜色、材质视觉上感觉良好，能够有效地被人利用和欣赏，最大限度地调动人的主动性和积极性，培养良好的行为心理品质。这将对人的行为心理产生积极的作用。人在能动地适应空间环境的同时，还可以积极改造空间环境，充分发挥空间环境的有利因素，克服空间环境中的不利因素，创造一个宜于人生存和发展的舒适环境。

如果所提供公共空间环境与人的需求不适应时，会对人的行为心理产生调整改造信息。如果公共空间环境所提供与人的需求不同时，会对人的行为心理产生不文明信息。随着空间环境对人的作用时间、作用力累积到一定值时，将产生很多负面效应。比如有的公共空间环境，只考虑场景造型，凭借主观感觉设计一条“规整、美观”的步道，结果却事与愿违，生活中行走极不方便，导致人的行为心理产生不舒服的感觉。有的道路两边的绿篱断口与斑马线衔接得不合理，人走过斑马线被绿篱挡住去路。人为地造成“丁字路”通行不方便的现状，使人的行为心理产生消极作用。可见，现代公共空间环境对人的行为心理作用是不容忽视的。

在公共空间环境的项目建造处于设计阶段时，应把人这个空间环境的主体元素考虑到整个设计的过程中，空间环境内的一切设计内容都以人为主体，把人的行为需求放在第一位。这样，人的行为心理能够得以正常维护，环境也得到应有的呵护。同时避免了环境对人的行为心理产生不良作用，避免不适合、不合理环境及重修再建的现象，使城市的“会客厅”更美，更适宜人的生活。

第二章　园林景观规划设计理论

第一节　园林景观规划设计的环境效果

中国传统园林讲究“三分匠人、七分主人”。造园之始先相地、立意，做到“心有丘壑”后再具体实施。现代景观创造既注重功能、形式、设计的个性与风格、技术与工程，更注重使用者的需求、价值观以及行为习惯。

一、环境效果要求

（一）根据基地条件、园林的性质与功能确定其设施与形式

性质与功能是影响规划布局的决定性因素，不同的性质、功能就有不同的设施和规划布局形式。同时，不同的地形地貌条件也影响规划布局。例如，城市动物园以展览动物为主，采用自然式布局；烈士陵园应该严肃，则采用规则式布局。

（二）不同功能的区域和不同的景点，景区宜各得其所

安静休息区和娱乐活动区，既有分隔又有联系。不同的景色也宜分区，使各景区景点各有特色，不致杂乱。如北京颐和园分为东宫区、前山区、后山区及湖堤区等景区，前山区是全园的主景区，主景区中的主要景点是以佛香阁、排云殿为中心的建筑群。其余各区为配景区，而各配景区内也有主景点，如湖堤区中的主景点是湖中的龙王庙。功能分区与景观分区有些是统一的，有些是不统一的，需做具体分析。

（三）突出主题，在统一中求变化

规划布局忌平铺直叙。如无锡锡惠公园是以锡山为构图中心、龙光塔为特征的。但在突出主景时还应注意到次要景观的陪衬烘托，注重处理好与次要景区的协调过渡关系。

（四）因地制宜，巧于因借

规划布局应在洼地开湖，在土岗上堆山，做到“景到随机、得景随形”“俗则屏之，嘉则收之”。如北京颐和园、杭州西湖都是在原有的水系上挖湖堆山、设岛筑堤形成的著名自然风景区。在中国传统园林中，无论是寺观园林、皇家园林或私家庭园，造园者都顺应自然，利用自然。

（五）起结开合，步移景异

如果说欲扬先抑给人们带来层次感，起结开合则给人们以韵律感。写文章、绘画有起有结，有开有合，有放有收，有疏有密，有轻有重，有虚有实。造园又何尝不是这样呢？人们如果在一条等宽的胡同里绕行，尽管曲折多变、层次深远，却贫乏无味、游兴大消。节奏与韵律感是人类生理活动的产物，表现在景观艺术上，就是创造不同大小类型的空间，通过人们在行进中的视点、视线、视距、视野、视角等反复变化，产生审美心理的变迁，通过移步换景的处理，增加引人入胜的吸引力。风景园林是一个流动的游赏空间，善于在流动中造景，也是中国传统园林的特色之一。现代综合性园林有着广阔的天地、丰富的内容、多方位的出入口，多种序列交叉游程，所以没有起结开合的固定程序。在景观布局中，我们可以效仿中国古典园林的收放原则，创造步移景异的效果。比如景区的大小、景点的聚散、草坪上植树的疏密、自然水体流动空间的收与放、园路路面的自由宽窄、林木的郁闭与稀疏、景观建筑的虚与实等，这种多领域的开合反复变化，必然带给游人心理起伏的律动感，达到步移景异、渐入佳境的效果。

二、园林景观设计的重要性

人们的居住环境中，园林景观搞得好与不好，与一座城市及一个乡村的外表形象有着密切的联系。园林景观搞得好，对防风沙，涵养水泥，吸附灰尘，杀菌灭菌，降低噪声，吸收有毒物体、有毒物质，调节气候和保护生态平衡，促进居民身心健康都有一定的自然环保作用。

（一）视觉效果

园林景观对城市的影响首先体现在视觉效果上，园林景观表现在大地上作画的手段主要是通过植物群落、水体、园林建筑、地形等要素的塑造来达到目的。通过营造人性的、符合人类活动习惯的空间环境，从而营造出怡人的、舒适、安逸的景观表现环境。而其中，绿地植物是现代城市园林景观艺术建设的主体，它具有美化环境的作用。植物给予人们的美感效应，是通过植物固有色彩、姿态、风韵等个性特色和群体景观效应所体现出来的。一条街道如果没有绿色植物的装饰，无论两侧的建筑多么新颖，也会显得缺乏生气。同样一座设施豪华的居住小区，要有绿地和树木的衬托才能显得生机盎然。许多风景优美的城市，不仅有优美的自然地貌和雄伟的建筑群体，园林绿化的景观效果对城市面貌也起着决定性的作用。

人们对植物的美感，随着时代、观者的角度和文化素养程度的不同而有差别。同时光线、气温、风、雨、霜、雪等气象因子作用于植物，使植物呈现朝夕不同、四时互异、千变万化的景色变化，这能给人们带来丰富多彩的景观效果。

（二）净化空气

空气是人类赖以生存和生活不可缺少的物质，是重要的外环境因素之一。一个成年人每天平均吸入 10 ~ 12 立方米的空气，同时释放出相应量的二氧化碳。为了保持平衡，需要不断地消耗二氧化碳和放出氧，生态系统的这个循环主要靠植物来补偿。植物的光合作用，能大量吸收二氧化碳并放出氧。其呼吸作用虽也放出二氧化碳，但是植物在白天的光合作用所制造的氧比呼吸作用所消耗的氧多 20 倍。一个城市居民只要有 10 平方米的森林绿地面积，就可以吸收其呼出的全部二氧化碳。事实上，加上城市生产建设所产生的二氧化碳，则城市每人必须有 30 ~ 40 平方米的绿地面积。景观表现被称之为“生物过滤器”，在一定浓度范围内，植物对有害气体有一定的吸收和净化作用。工业生产过程中产生许多污染环境的有害气体，最大量的是二氧化硫，其他主要有氟化氢、氮氧化物、氯、氯化氢、一氧化碳、臭氧以及汞、铅的气体等。这些气体对人类危害很大，对植物也有害。测试证明，绿地上的空气中有害气体浓度低于未绿化地区的有害气体浓度。

城市空气中含有大量尘埃、油烟、碳粒等。这些烟灰和粉尘降低了太阳的照明度和辐射强度，削弱了紫外线，不利于人体的健康；而且污染了空气，致使人们的呼吸系统受到污染，导致各种呼吸道疾病的发病率增加。植物构成的绿色空间对烟尘和粉尘有明显的阻挡、过滤和吸附作用。国外的研究资料介绍，公园能过滤掉大气中 80% 的污染物，林荫道的树木能过滤掉 70% 的污染物，树木的叶面、枝干能拦截空中的微粒，即使在冬天，落叶树也仍然保持在 60%。

（三）过滤效果

1. 净化水体

城市水体污染源主要有工业废水、生活污水、降水径流等。工业废水和生活污水在城市中多通过管道排出，较易集中处理和净化。而大气降水形成地表径流，冲刷和带走了大量地表污物，其成分和水的流向难以控制，许多则渗入土壤，继续污染地下水。许多水生植物和沼生植物对净化城市污水有明显作用。比如在种有芦苇的水池中，其水的悬浮物减少 30%，氯化物减少 90%，有机氮减少 60%，磷酸盐减少 20%，氨减少 66%。另外，草地可以大量滞留许多有害的金属，吸收地表污物；树木的根系可以吸收水中的溶解质，减少水中细菌含量。

2. 净化土壤

植物的地下根系能吸收大量有害物质而具有净化土壤的能力。有植物根系分布的土壤，好气性细菌比没有根系分布的土壤多几百倍至几千倍，故能促使土壤中的有机物迅速无机化。因此，既净化了土壤，又增加了肥力。草坪是城市土壤净化的重要地被物，城市中一切裸露的土地种植草坪后，不仅可以改善地上的环境卫生，也能改善地下的土壤卫生条件。

3. 树市的杀菌作用

空气中散布着各种细菌、病原菌等微生物，不少是对人体有害的病菌，时刻侵袭着人体，直接影响人们的身体健康。首先是绿色植物可以减少空气中细菌的数量，其中一个重要的原因是许多植物的芽、叶、花粉能分泌出具有杀死细菌、真菌和原生动物的挥发物质，称为杀菌素。城市中绿化区域与没有绿化的街道相比，每立方米空气中的含菌量要减少 85% 以上。其次是园林植物在心理功能上的影响，植物对人类有着一定的心理功能。随着科学的发展，人们不断深化对这一功能的认识。在德国，公园绿地被称为“绿色医生”。在城市中使人镇静的绿色和蓝色较少，而使人兴奋和活跃的红色、黄色不断增多。因此，在绿地的光线则可以激发人们的生理活力，使人们在心理上感觉平静。绿色使人感到舒适，能调节人的神经系统。植物的各种颜色对光线的吸收和反射不同，青草和树木的青、绿色能吸收强光中对眼睛有害的紫外线。对光的反射，青色反射 36%，绿色反射 47%，对人的神经系统、大脑皮层和眼睛的视网膜比较适宜。如果在室内外有花草树木繁茂的绿色空间，就可使眼睛减轻和消除疲劳。最后是园林植物群落的物理功能上的影响。

4. 改善城市小气候

小气候主要指地层表面属性的差异性所造成的局部地区气候。其影响因素除太阳辐射和气温外，直接随作用层的狭隘地方属性而转移，如地形、植被、水面等，特别是植被对地表温度和小区域气候的影响尤大。夏季人们在公园或树林中会感到清凉舒适，这是因为太阳照到树冠上时，有 30% ~ 70% 的太阳辐射热被吸收。树木的蒸腾作用需要吸收大量热能，从而使公园绿地上空的温度降低。另外，由于树冠遮挡了直射阳光，使树下的光照量只有树冠外的 1/5，从而给休憩者创造了安闲的环境。草坪也有较好的降温效果，当夏季城市气温为 25 摄氏度时，草地表面温度为 22 ~ 25 摄氏度，比裸露地面低 6 ~ 7 摄氏度。到了冬季，绿地里的树木能降低风速 20%，使寒冷的气温不致降得过低，起到保温作用。

园林绿地中有着很多花草树木，它们的叶表面积比其所占地面积要大得多。由于植物的生理机能，植物蒸腾大量的水分，增加了大气的湿度。这给人们在生产、生活上创造了凉爽、舒适的气候环境。绿地在平静无风时，还能促进气流交换。由于林地和绿化地区能降低气温，而城市中建筑和铺装道路广场在吸收太阳辐射后表面增热，使绿地与无绿地区域之间产生温差。形成垂直环流，使在无风的天气形成微风。因此合理的绿化布局，可改善城市通风及环境卫生状况。

5. 减低噪声

噪声是声波的一种，正是由于这种声波引起空气质点振动，使大气压产生迅速地起伏，这种起伏越大，声音听起来越响。噪声也是一种环境污染，对人产生不良影响。北京市环境部门收到的群众控告信中，40% 以上是关于噪声污染的。研究证明，植树绿化对噪声具有吸收和消解的作用，可以减弱噪声的强度。其弱化噪声的机理是噪声波被树叶向各个方向不规则反射而使声音减弱；另外，噪声波造成树叶发生微振而使声音消耗。

（四）防灾避难

在地震区域的城市，为防止灾害，城市绿地能有效地成为防灾避难场所。树木绿地具有防火及阻挡火灾蔓延的作用。不同树种具有不同的耐火性，针叶树种比阔叶树种耐火性要弱。阔叶树的树叶自然临界温度达到 455 摄氏度，有着较强的耐火能力。总之，园林景观表现是以植物为主体，结合水体、园林建筑小品和地形等要素营造出人性化的、色彩斑斓的、空气清新的、安详舒适的环境，从而改善了城市人们的生活环境，提高了人们的生活质量，对维持城市环境的生态平衡具有重要的作用。

园林建筑应具有精美、灵巧和多样化的特点，设计创作时可以做到“景到随机，不拘一格”，在有限的空间得其天趣。

三、园林建筑的创作要求

第一，立其意趣，根据自然景观和人文风情，创立小品的设计构思；

第二，合其体宜，选择合理的位置和布局，做到巧而得体、精而合宜；

第三，取其特色，充分反映建筑小品的特色，把它巧妙地熔铸在园林造型之中；

第四，顺其自然，不破坏原有风貌，做到涉门成趣、得景随形；

第五，求其因借，通过对自然景物形象的取舍，使造型简练的小品获得景象丰满充实的效应；

第六，饰其空间，充分利用建筑小品的灵活性、多样性以丰富园林空间；

第七，巧其点缀，把需要突出表现的景物强化起来，把影响景物的角落巧妙地转化成为游赏的对象；

第八，寻其对比，把两种明显差异的素材巧妙地结合起来，相互烘托，显出双方的特点；

第九，经济性和实用性相结合，同当地的气候相结合。

五、视线分析与景点设置

（一）意境的设想

设计应该让视景随观赏者移步而易景，如同登山者在攀登的过程中越向上越能体会到更多的景致，直至看到全景。视景设计可利用框景、漏景、添景、借景、对景、分景、聚景、点景及暗示的艺术手法，使人接触到不同的风貌，直至完全展示在人们的面前，产生“步移景异”的效果。同时，园林中不仅要有优美的景色，而且要有幽深的境界。

（二）设计的目的

园林景观环境的规划设计是以满足人类使用和欢愉为目的的。景观建筑环境最重要的功能，是在人类的聚居环境中与乡间的自然景色中创造并保存美。同时都市中的人远离了乡村的景致，因而迫切地需要经由自然与景观艺术的帮助，以提供美丽且平静的景色与声音，来纾解他们每日紧张生活的压力，所以园林景观建筑也重视改善都市人群日常生活的舒适性、方便与健康，并相信与自然景观的接触对人类的品德、健康与幸福是绝对必要的。

1. 休息、漫步和游览区

这是最基本的组成部分，提供大多数人进行活动的室外空间，对整个空间的形态要求较高，考虑到空间的审美功能，在不同等级的绿地中都布置这类小环境。此类功能绿地，主要利用地势高低而设置，如步行木质栈道等，同时对小区的主要景观轴，建议都设置漫步道。一方面可以以最佳效果展示小区园林景观，也使住户可以游览。这个区域应属于安静的区域，应避免和游乐设施、游戏场等喧闹的区域靠近，不宜有大片的硬地，多种植树木和花草，用树木遮挡视线，形成一个较为安静的场所，同时又应注意周围的环境景观，可以点线面结合，在集中的位置设置小型喷泉、雕塑和环境设施。另一方面，场地内应该为居民提供必要的设施，如平台、石凳、廊、亭等，特别是椅凳，其位置应靠近散步道，同时又和散步道相互分开，成为一个独立的区域。散步道也是重点设计部位，既能满足行走的要求，又应考虑两侧的景观、线路的曲折，并且和椅凳有很好的配合，同时，要注意地面铺地的材料、图案、色彩等的配合的协调。

2. 游乐区

主要是健康运动休闲设施等，主要设置于健康生活馆（会所）内。

3. 运动健身区

为居民提供室外活动的场地，包括健身场地、器械、球类运动等。它属于闹的环境，应避免对其他分区的干扰。建议沿山体设置，应放置在角落里，周围用树木、围墙和其他区域分隔，同时设置指示标志到达这里。设置大片的硬质场地，为成年人特别是老年人的室外活动提供场地。由于人流比较集中，其位置应靠近居住区的道路，布置也应开敞，同时又应该不影响居民正常的休息。在运动场地和健身场地周围应布置椅凳，为人们提供休息的设施。

4. 儿童游乐区

在幼儿园周边划分出固定的区域，设置适应儿童活动的设施，如戏水池、沙坑、跑道以及器械、小品、绿化等，同时为了大人看护方便，应提供桌椅、亭、廊等休息设施。儿童游戏区的位置在考虑服务半径的前提下，应注意安全，同时避免和住户的干扰园林景观表现有利于提高、改善城市人们生活水平和生活环境，有利于城市的可持续性发展，对保护城市的生态环境具有重要的意义。

第二节 园林景观规划设计的主要学派

一、后现代主义

后现代主义是产生于20世纪60年代末70年代初的文化思潮，设计特点为人性化、自由化。后现代主义作为现代主义内部的逆动，是对现代主义的纯理性及功能主义，尤其是国际风格的形式主义的反叛。后现代主义风格在设计中仍秉承设计以人为本的原则，强调人在技术中的主导地位，突出人机工程在设计中的应用，注重设计的人性化、自由化，体现个性和文化内涵。

（一）后现代主义的特点

后现代主义作为一种设计思潮，反对现代主义的苍白平庸及千篇一律，并以浪漫主义、个人主义作为哲学基础，推崇舒畅、自然、高雅的生活情趣，强调人性经验在设计中的主导作用，突出设计的文化内涵。美国宾夕法尼亚大学为园林教授麦克哈格（Ian Lennox McHarg）出版了《设计结合自然》一书，提出了综合性生态规划思想，在设计和规划行业中产生了巨大的反响。进入20世纪80年代以来，人们对现代主义逐渐感到厌倦，于是“后现代主义”这一思潮应运而生。

与现代主义相比，后现代主义是现代主义的继续与超越，后现代的设计应该是多元化的设计。历史主义、复古主义、折中主义、文脉主义、隐喻与象征、非联系有序系统层、讽刺、诙谐都成了园林设计师可以接受的思想。1992年建成的巴黎雪铁龙公园带有明显的后现代主义的一些特征。于是“后现代主义”这一思潮应运而生。20世纪70年代以后，受生态思想和环境保护主义思想的影响，更多的园林设计师在设计中遵循生态的原则，生态主义成为当代园林设计中一个普遍的原则。

（二）多元化的发展

后现代主义主张继承历史文化传统，强调设计的历史文脉，在世纪末怀旧思潮的影响下，后现代主义追求传统的典雅与现代的新颖相融合，创造出集传统与现代、古典与时尚于一身的大众设计。后现代主义以复杂性和矛盾性去洗刷现代主义的简洁性、单一性。采用非传统的混合、叠加等设计手段，以模棱两可的紧张感取代陈直不误的清晰感，以非此非彼、亦此亦彼的杂乱取代明确统一，在艺术风格上主张多元化的统一。

二、解构主义

（一）解构主义的概念

“解构主义”最早是由法国哲学家德里达提出的。在20世纪80年代，成为西方建筑界的热门话题。“解构主义”可以说是一种设计中的哲学思想，它采用歪曲、错位、变形的手法，反对设计中的统一与和谐，反对形式、功能、结构、经济彼此之间的有机联系，产生一种特殊的不安感。

（二）解构主义的发展

解构主义的风格并没有形成主流，被列为解构主义的景观作品也极少，但它丰富了景观设计的表现力。巴黎为纪念法国大革命200周年而建设的九大工程之一的拉·维莱特公园是解构主义景观设计的典型实例。它是由建筑师屈米（Bernard Tschumi）设计的。兴起于20世纪80年代后期的建筑设计界解构分析的主要方法是去看一个文本中的二元对立，并且呈现出这两个对立的面向事实上是流动与不可能完全分离的，而非两个严格划分开来的类别。解构主义最大的特点是反中心、反权威、反二元对抗。

三、高技派

（一）高技派概述

20世纪50年代后期兴起的，建筑造型、风格上注意表现“高度工业技术”的设计倾向。高技派理论上极力宣扬机器美学和新技术的美感，它主要表现在三个方面：提倡采用最新的材料——高强钢、硬铝、塑料和各种化学制品来制造体量轻、用料少，能够快速与灵活装配的建筑；强调系统设计和参数设计；主张采用与表现预制装配化标准构件。

（二）高技派的特点

高技派认为功能可变，结构不变。表现技术的合理性和空间的灵活性，既能适应多功能需要，又能达到机器美学效果。这类建筑的代表作首推巴黎蓬皮杜艺术与文化中心。强调新时代的审美观应该考虑技术的决定因素，力求使高度工业技术接近人们习惯的生活方式和传统的美学观，使人们容易接受并产生愉悦。代表作品有由福斯特设计的香港汇丰银行大楼、法兹勒汗的汉考克中心、美国空军高级学校教堂。

（三）高技派的发展

未来主义始于20世纪初,20世纪70年代进入空前繁荣期。世界上著名的建筑作品如“巴黎蓬比社艺术与文化中心”就建于那个时期。而美国阿波罗登月成功，更激发人类向更多未知领域进发，它象征着人类依靠技术的进步征服了自然。科技的力量助长了未来主义的风潮，艺术家们的创作兴趣涵盖了所有的艺术样式，包括绘画、雕塑、诗歌、戏剧、音乐、建筑，甚至延伸到烹饪领域。未来主义在家居领域的演变，我们称之为“高科技”。

四、极简主义

（一）极简主义的概念

极简主义产生于20世纪60年代，它追求抽象、简化、几何秩序。以极为单一简洁的几何形体或数个单一形体的连续重复构成作品。

（二）极简主义的特点

极简主义对当代建筑和园林景观设计都产生相当大的影响。不少设计师在园林设计中从形式上追求极度简化，用较少的形状、物体和材料控制大尺度的空间，或是运用单纯的几何形体构成景观要素和单元，形成简洁有序的现代景观，具有明显的极简主义特征的是美国景观设计师彼得·沃克的作品。

（三）极简主义的发展

西方现代园林从产生、发展到壮大的过程都与社会、艺术和建筑紧密相连。各种风格和流派层出不穷，但是发展的主流始终没有改变，现代园林设计仍在被丰富，与传统进行交融，和谐完美是园林设计师们追求的共同目标。极简主义风格的居室设计极简主义，并不是现今所称的简约主义，是第二次世界大战之后60年代所兴起的一个艺术派系，又可称为“MinimalArt”，作为对抽象表现主义的反动而走向极致，以最原初的物自身或形式展示于观者面前为表现方式，意图消弭作者借着作品对观者意识的压迫性，极少化作品作为文本或符号形式出现时的暴力感，开放作品自身在艺术概念上的意象空间，让观者自主参与对作品的建构，最终成为作品在不特定限制下的作者。

（四）极简主义的设计特征

1. 注重景观的有机整体性的把握性

注重景观的有机整体性的把握性是极简主义景观突出的设计特征之一。克雷（Dan Kiley，美国）的代表作品——亨利·穆尔雕塑花园设计，就是其典型的代表，其中花园与雕塑一样都用抽象、精练的形式表达了自然的活力和有机的统一。正是这种作品上的共鸣，使得这个花园从景观到雕塑成了整体的艺术品。克雷对空间的整体的运动性、流畅性的把握，通过收放产生的空间自身的运动，形成了最强烈的整体关系。具体的设计语言是首先确定空间的类型、使用功能，然后利用道路轴线、景观绿篱、整齐的树阵、几何形的水池、种植池和平台等元素来塑造空间，注重空间的连续性和单个元素之间的结构。材料的运用简洁直接，没有装饰性的细节。正如克雷所说：“为了得到最有机、最有力的结果，应该以满足最基本需要为原则。”当然，空间是有其微妙变化的，比如气候和季节是原因之一，植物材料和水的灵活运用和隐喻特点使得空间更具符号化代表，体现其有机的形式，这种有机是极简主义景观设计所追求的“增一分则多，减一分则少”的效果。单纯的元素个体是没有任何意义的，只有通过各种元素之间的关系和关联结构才体现出连续的纯粹之美。

2. 强调空间的使用功能

强调景观空间的建筑化。极简主义景观不同于传统园林设计的一个很重要的特点是强调空间的使用功能，不单纯追求静态的艺术效果。极简主义者认为景观设计师首先是要使空间为人们提供社会公共活动的场所，而不是过分地强调形式和平面构图。鉴于极简主义景观的特点，景观空间常表现出与建筑空间相通的特点，而这种特点在很多时候更能够满足现代城市中居民生活的需要。比如高效、秩序的功能，适合快节奏的城市生活；建筑化的景观空间所呈现的明确的方位感也使得缺乏个性的城市环境更加易于识别。克雷始终认为建筑设计和景观设计之间没有真正的区别，他的作品是二者的融合。这样使得克雷的设计更贴近于现代生活，既不像现代主义所表现出的无场所性，也不像早期“大地艺术”那样逃避都市文化。米勒花园是克雷极具代表性的作品，整个花园通过有趣的和未知的探索游戏来引导人们优雅地从一个空间进入另一个空间，采用了与其住宅设计相似的建筑结构秩序，运用植物材料使得建筑与庭院景观形成了空间上的连续性。其空间是清晰并具有限定性的，也是流动的，体现出了与现代主义建筑相融合的设计理念。也许正是这种开放性和对角线方向进行观赏、运动的机会，赋予这些栅格以生命力。米勒花园中，克雷还运用树干和绿篱的空间隐喻，表示结构和围合的对比，在室外塑造了密斯式的自由建筑空间，由花园、草坪和林地成为相互串联的空间。

五、大地艺术

（一）大地艺术的概述

20世纪60年代，艺术界出现了新的思想，一部分富有探索精神的园林设计师不满足于现状，他们在园林设计中进行大胆的艺术尝试与创新，开拓了大地艺术这一新的艺术领域。这些艺术家摒弃传统观念，在旷野、荒漠中用自然材料直接作为艺术表现的手段，在形式上用简洁的几何形体，创作出这种巨大的超人尺度的艺术作品。

（二）大地艺术的特点

大地艺术的思想对同林设计有着深远的影响，众多园林设计师借鉴大地艺术的手法，巧妙地利用各种材料与自然变化融合在一起，创造出丰富的景观空间，使得园林设计的思想和手段更加丰富。20世纪60年代末出现于欧美的美术思潮的两个基本特性，一是“大”，即大地艺术作品的体积通常较大，它们是艺术家族中的巨无霸；二是“地”，即大地艺术普遍与土地发生关系，艺术家通常使用来自土地的材料，如泥土、岩石、沙、火山的堆积物等，或者这些作品就是为了改变地面的自然状态而创造的。他们在园林设计中进行大胆的艺术尝试与创新，开拓了大地艺术这一新的艺术领域。这些艺术家摒弃传统观念，在旷野、荒漠中用自然材料直接作为艺术表现的手段，在形式上用简洁的几何形体，创作出这种巨大的超人尺度的艺术作品。大地艺术的思想对同林设计有着深远的影响，众多园林设计师借鉴大地艺术的手法，巧妙地利用各种材料与自然变化融合在一起，创造出丰富的景观空间，使得园林设计的思想和手段更加丰富。

六、生态设计的原则

第一，从人类中心到自然中心的转变强调保护自然生态系统为核心，以人类与生物圈和非生物圈的相互依赖、相互滋润为出发点。

第二，可持续发展。生态主义秉承了可持续发展的思想，注重人类发展和资源及环境的可持续性，通过提高对自然的利用率，加强废弃物的利用，减少污染物排放等手段实现能源与资源利用的循环和再生性、高效性，通过加强对生物多样性的保护来维持生态系统的平衡。

第三，把景观作为生态系统。在生态主义景观中，景观的内涵不局限于一片美丽的风景，而是一个多层次的生活空间，是一个由陆圈和生物圈组合的相互作用的生态系统。这样的景观设计不仅是处理视觉的问题，而且要处理更大的环境，即城市环境、人类居住的环境与自然环境之间的关系问题。

第四，以生态学相关原理为指导进行设计。生态学中的整体论、系统论和协调机制是指导生态主义景观设计的根本理论。完美的植物景观必须具备科学性与艺术性两方面的高度统一，既满足植物与环境在生态适应上的统一，又要通过艺术构图原理体现出植物个体及群体的形式美，及人们欣赏时所产生的意境美。植物景观中艺术性的创造是极为细腻复杂的，需要巧妙地利用植物的形体、线条、色彩和质地进行构图，并通过植物的季相变化来创造瑰丽的景观，表现其独特的艺术魅力。

七、园林设计主要代表人物

当代各种主义与思潮纷纷涌现，现代园林设计呈现出自由性与多元化特征。西方现代园林设计的代表人物有：

（一）唐纳德（Christopher，英国）

英国著名的景观设计师。唐纳德于 1938 年完成的《现代景观中的园林》一书，探讨在现代环境下设计园林的方法，从理论上填补了这一历史空白。在书中他提出了现代园林设计的三个方面功能，即功能的、移情的和艺术的。唐纳德的功能主义思想是从建筑师卢斯（Adolf Loos，奥地利）和柯布西耶（Le Corbusier，法国）的著作中吸取了精髓，认为功能是现代主义景观最基本的考虑。移情方面来源于唐纳德对日本园林的理解，他提倡尝试日本园林中石组布置的均衡构图的手段，以及从没有情感的事物中感受园林精神所在的设计手法。在艺术方面，他提倡在园林中，处理形态、平面色彩、材料等方面运用现代艺术的手段。1935 年，唐纳德为建筑师谢梅耶夫设计了名为“本特利树林”的住宅花园，完美地体现了他提出的设想。

（二）托马斯·丘奇（Thomas Church，美国）

20 世纪美国现代景观设计的奠基人之一，是 20 世纪少数几个能从古典主义和新古典主义的设计完全转向现代园林的形式和空间的设计师之一。20 世纪 40 年代，在美国西海岸，私人花园盛行，这种户外生活的新方式，被称为“加州花园”。“加州花园”是一个艺术的、功能的和社会的构成，具有本土的、时代性和人性化的特征。它使美国花园的历史从对欧洲风格的复兴和抄袭转变为对美国社会、文化和地理的多样性的开拓，这种风格的开创者就是托马斯·丘奇。丘奇的“加州花园”的设计风格平息了规则式和自然式的斗争，创造了与功能相适应的形式，使建筑和自然环境之间有了一种新的衔接方式。丘奇最著名的作品是1948年的唐纳花园。

（三）劳伦斯·哈普林（Lawrence Halprin，美国）

劳伦斯·哈普林是新一代的优秀的景观规划设计师，是20世纪40年代后美国景观规划设计最重要的理论家之一。他视野广阔，视角独特，感觉敏锐，从音乐、舞蹈、建筑学及心理学、人类学等学科吸取了大量知识。这也是他具有创造性、前瞻性和与众不同的理论系统的原因。哈普林最重要的作品是20世纪60年代为波特兰大市设计的一组广场和绿地。广场是由爱悦广场、柏蒂格罗夫公园、演讲堂前庭广场组成，它由一系列改建成的人行林荫道来连接。在这个设计中充分展现了他对自然的独特的理解。他依据对自然的体验来进行设计，将人工化了的自然要素插入环境，无论从实践还是理论上来说，劳伦斯·哈普林在20世纪美国的景观规划设计行业中都占有重要的地位。

（四）布雷·马克斯（Roberto Burle Marx，巴西）

20世纪最杰出的造园家之一。布雷·马克斯将景观视为艺术，将现代艺术在景观中的运用发挥得淋漓尽致。他的形式语言大多来自米罗和阿普的超现实主义，同时也受到立体主义的影响，在巴西的建筑、规划、景观规划设计领域展开了一系列开拓性的探索。他创造了适合巴西的气候特点和植物材料的风格：他的设计语言如曲线花床、马赛克地面被广为传播，在全世界都有着重要的影响。园林从产生、发展到壮大的过程，都与社会、艺术和建筑紧密相连。各种风格和流派层出不穷，但是发展的主流始终没有改变，现代园林设计仍在被丰富，与传统进行交融，和谐完美是园林设计师们追求的共同目标。新世纪对风景园林师的社会责任与个人素质要求更高。首先需风景园林师具备执着、坚韧和敬业精神；其次，应有综合运用自然、社会、工程技术措施，实施其业务领域的规划设计、技术咨询和工程监理的能力；最后，因为园林设计是一个开放系统，因此还需要风景园林师具有前卫意识，不断地从相邻行业与相关学科获取信息，不断提高基础技术、基础理论和专业设计技能。通过人工协作，共同完成园林设计任务。

第三节 园林景观规划设计的综合评价

园林规划设计是从审美的角度出发，以实用功能为目的的再创造。艺术形式层出不穷，纯艺术与其他艺术门类之间的界限日渐模糊，艺术家们吸取了电影、电视、戏剧、音乐、建筑、自然景观等的创作手法，创造了媒体艺术、行为艺术、光效应艺术、大地艺术等一系列新的艺术形式，而这些反过来又给其他艺术行业的从业者以很大的启发。

一、园林景观设计规划概述

（一）园林规划设计发展现状

园林规划设计从一开始就从现代艺术中吸取了丰富的形式语言，而对园林规划设计中影响最大且稳定不变的主观因素是人类的感官对园林景观的感觉。因此，自然景观也好，文学绘画也罢，对园林景观的规划设计，以三维空间为主的园林景观视觉毕竟是其核心基础。从现代艺术早期的立体主义、超现实主义、风格派、构成主义，到后来的极简艺术，每一种艺术思潮和艺术形式都为设计师提供了可借鉴的艺术思想和形式语言。因此，园林规划设计既要考虑园林景观的使用功能，同时还要考虑园林景观的艺术性，我国园林规划设计艺术正是传统与现代文化的综合。

（二）园林规划设计对民族文化的继承与扬弃

园林规划设计离不开生活，并与历史和文化相联系。一个国家园林规划设计的发展都是以本国的民族文化底蕴作为背景的。对园林景观的艺术创作，如果没有传统的、历史的、文化的、人文的东西，就不可能成功。中国园林是世界三大古典园林之一，对世界园林的发展有着巨大的影响。但我们还要接受现代园林的设计理念，结合我国优良的传统文化和民族艺术进行创造，以促进中国具有世界性、有中华民族艺术特色的园林规划设计学科的迅速形成。

（三）园林规划设计的前卫性与多变性

园林规划设计既然是艺术，就要有一定的时代性。在最近的半个世纪中，艺术设计从一开始就扮演着前卫的角色。园林规划设计发展至今，无论是社会的进步，还是城市的发展，园林规划设计都起着先锋的作用。因此，作为园林规划设计师，必须把握住那些相对稳定而不变的园林规划设计元素，并能接受新的设计元素，包括新理念、新材料，紧跟时代的发展。事实上，要设计一个好的园林景观，不管其形式有多么新颖，如果没有传统的精华，没有未来的展现，就很难成为打动人心的艺术珍品。

（四）园林规划设计的意境创造

园林规划设计的意境美是指通过园林景观的结构、图案和文字所反映的情意，使消费者触景生情、产生情景交融的一种艺术境界。园林景观的意境产生于园林景观境域的综合艺术效果，给予游客以情意方面的信息，唤起以往经历的记忆联想。当然，不是所有园林景观都具备意境，更不是随时随地都具备意境，然而有意境更令人耐看寻味、引兴成趣和深刻怀念。所以意境是我国多年来园林规划设计的名师巨匠所追求的核心，也是中国园林景观外形设计具有世界影响的内在魅力。通过这种意境的创造，在空间物质化的表现与无限的联想之间，以空间、形体、文化、寓意所呈现出的信息载体，它涉及这样一种理念，即存在一种超越个人理解力并能借助于一种中间媒介达到群体共通的普遍的状态。挖空心思，想尽办法，来寻求、创造、组织、表现这些中间媒介，这是工业规划设计中最为基本而重要的工作。

（五）人性化设计理念

人性化设计理念就是以人为中心，设计师从关注园林景观转移到关注园林景观的使用者上来，以设计出更人性化、使用更便利、使人愉悦的园林景观为重要目标的设计思想。使人愉悦是人性化设计的审美原则，使用过程中，使用者感受到设计的精巧而产生愉悦感，同时，将这种愉悦感升华为一种审美意象，从而真正体现出设计为人，以人为本、为中心的人性化设计思想。园林规划设计其主题是人本身，设计的使用者和设计者也是人本身，人是园林规划设计的中心和尺度。因此，把心理学、行为艺术等学科引入园林规划设计领域，研究设计的目的与人的行为在不同人、不同环境、不同条件下的互补关系，扩展园林规划设计的内涵。分析现代成功的园林规划设计实例，不管无心还是有意，所有的设计大多取自人们对大自然的印象，取自历史上由于完全不同的社会原因创造出来的园林景观。分析现代成功的园林规划设计实例，不管无心还是有意，所有的设计大多取自人们对大自然的印象，取自历史上完全不同的社会原因创造出来的园林景观。

二、园林规划设计

（一）古老而又年轻

园林设计在我国应该说是一门古老而又年轻的学科。说它古老，是因为我们的造园史可以追溯到几千年前，有一批在世界上堪称绝佳的传统园林范例和理论。说它年轻，是由于这门学科在实践中发展、演变和与现代社会的融合接轨，又是近几十年的事。20 世纪 80 年代之前，园林规划设计业内人士很少，加上国力有限，除了出现过个别优秀作品外，总体上还处于比较初级的水平。受传统园林和苏联城市与居民区绿化以及文化休息公园理论的影响，一般地讲，轴线、景区、山水绿地加上传统的或革新式的园林建筑符号，成为园林设计的普遍模式。人们心目中的公园形象，基本上是绿荫下的亭台。90 年代以来，经济发展了，城市化的进程带动了全国城市园林设计的繁荣。随着城市功能的逐步健全，以公园、绿化广场、生态廊道、市郊风景区等为骨干的城市绿地愈加成为城市的现代标志，成为提升城市环境质量、改善生活品质和满足文化追求的必然。城市园林生态、景观、文化、休憩和减灾避险的功能定位逐步被业内认同。从传统园林到城市绿化，再到城郊一体化的大地景观，园林规划设计的观念在逐步深化和完善，领域也在拓宽。设计人员在实践中不断结合国情，在继续从传统文脉中吸取营养的基础上，吸纳国外的一些新思潮、新理念，顺应现代生活的需求，创造了一批较好的作品风景园林师，不但主导着园林规划设计，还参与城市总体规划，介入城市设计，从更大更宽的层面上发挥着作用。城市园林规划设计是在不断探索、创新并与时俱进的，这些实践反过来又丰富完善着现代园林的设计理论。专业人员在社会思潮、学术动向和决策者的好恶夹缝中苦苦地摸索、追逐、捕捉，以求适者生存。从总体上讲，规划设计主流是好的，但是要找到既能为群众所喜闻乐见和专家认同的，又能成为城市传世经典之作的还不多。

（二）传统园林文脉

正如我国有传统园林文脉一样，各国都有自己的传统文脉。另一方面，国际交往和全球经济一体化带来城市现代生活的趋同。园林设计规划、建筑等学科一样，都在尽量保留传统文化个性的前提下，顺应城市发展的大潮，其成果都具有社会思潮和现代生活反哺的印记。因此，园林设计将在继承文脉和走向国际化两方面并存，多元化园林创作的趋势将不可避免。时代感可能带来走向国际趋同的一面，文脉又让我们不时从民族、地域中寻找到文化亮点，两者在高层面上的对接，这可能是新世纪园林文化的趋势和发展方向。

三、园林规划设计建议

（一）提倡解题的“思维和方法论”

意在笔先是创作之首，要宏观把握鲜明、准确的立意，确定规划设计框架，把项目放到整个城市或区域环境中，结合现状对其性质、功能和形式定位。针对要解决的问题，提出解题的办法和手段。总之，要实施一条综合性和实事求是的创作路线。

（二）园林设计与时俱进的新思维

足够的绿量、美观的构图、精良的施工、适度的文化品位，体现对人的关怀和找到独特的创新视角，也许这些就是园林设计与时俱进的新思维。过分的非哲理化让人看不懂，过分的程式化又落入俗套。专家、领导或业主、群众之间存在一条夹缝，走出这条夹缝，前面是一片蓝天。

（三）克服浮躁和盲目

反对商业炒作和文化炒作，摒弃故弄玄虚、玩弄概念深沉，避免不加消化的照抄照搬，禁忌重演各种设计误区，提倡简约、朴素，反对过分雕琢，不一定所有景区都设命题。开玩笑的哈，

（四）注重细节

方案确定之后，细部决定成败，园林尤为如此，匠心往往要透过细部传达。园林作为一种强迫艺术，随时在接受游人的品味和评说，就要经得住推敲。景区往往要不经意拈来，细部却要娓娓道出，这些功底对设计者、施工者都至关重要。

（五）善待、慎待园林建筑

建筑构筑物、雕塑等硬件往往是公园绿地的要素（当然有时不尽然），不可否认建筑在公园绿地中有时处于主景、点景和主体地位。公园的观赏聚焦是十分重视园林建筑构筑物的形象、体量和尺度，以及由此传达的思想文化形态。成功的园林建筑设计难度往往超过大型建筑设计，过于猎奇、张扬和寻求哗众取宠等低层次的建筑审美均不可取。有深度、有品位、独特的形象来自文化与生活的启迪、积累和提炼。

（六）重视原有绿地的减法设计

突出园林中的大树景观已提到日程上来，尤其是对植物（有时也包括过繁的建构筑物）的删减，以保证植物景观的形态美和个体美，也是提高绿地的艺术质量和植物群落科学合理性的必要手段。

（七）加强园林学科的理论建设

搭建规划设计理论争鸣的平台，提倡各种学术观点的公平对话，建立理论队伍，用更高的理论水平来支撑和指导专业，重振我国在世界风景园林学科的风采和地位。

（八）要有节水意识

面对水资源的匮乏，新建园林要有节水意识。水面、水量要根据城市用水的大环境予以确定，鼓励并提倡集水园林。坚持科学的发展观，创建人与自然和谐的生态园林城市，是包括风景园林师在内的各行各业的共同责任。风景园林师必须加强自身建设，提高修

养，迎接新的挑战。

对处于起步阶段的中国现代景观规划设计，鲜明的视觉形象、良好的绿化环境、足够的活动场地，这是基本的出发点，随着景观环境建设的发展，仅仅满足这三方面，肯定还远远不够。但这毕竟是远期景观建设发展的基础，对未来景观建设的腾飞将起到重要的作用。正是基于景观规划设计实践的三方面，在众说纷纭的各类景观规划设计流派中，四种新生流派正在脱颖而出。

第一，与环境艺术结合的重在视觉景观形象的大众景观环境艺术流。

第二，与城市规划和城市设计结合的城市景观生态流派。

第三，以大地景观为标志的区域景观、环境规划；以视觉景观为导向的城市设计，以环境生态为导向的城市设计。

第四，与旅游策划规划的结合是重在大众行为心理景观策划的景观游憩流派。

这四种流派代表着现代风景园林学科专业的发展方向。

（九）园林设计上植物多样性与适应性同时并重

近几年，城市绿化提出了增加绿化树种、提高生物多样性的目标。于是许多城市一味求新，盲目引进外来树种。为求好心切引进新品种不是不可以，但如果忽视了苗木的适应性，则不仅达不到预期的目的，而且会带来意想不到的损失。

（十）培养适合现代的园林规划与设计工作者

实施专业教育的大调整，培养适合现代的园林规划与设计工作者。

首先是专业教育结构层次的调整。要使中国风景园林学科具有持续发展的生命力，其专业教育需要有三个层次：

第一，面向学科为长远学科建设培养的高层次博士、硕士人才。

第二，面向社会为国家园林管理和规划设计建设部门培养的大学本科、硕士人才。

第三，面向中国数量与质量日益高涨的风景园林建设市场。

为各类规划设计院所、园林工程公司培养专科、本科、硕士、博士多层次人才。然后是专业知识结构的调整。一方面，要考虑引入环境艺术、旅游策划的专业课程；另一方面，还要引入建筑学科、地理学科、计算机与信息学科、社会人文学科等专业知识。这是以课程设置为实质的专业知识结构调整。

（十一）规划设计人才的知识结构有待完善

现有的规划设计人才有来自城市规划专业院系的，也有艺术院系的，有建筑院系的，还有农林院系，来自不同院系的人才都各有各的特长，同时也存在各自的不足，由此，根据目前的专业状况，应该有一个合作互补的专业团队。

第三章　园林景观设计的形式

第一节　园林景观设计的自然形式

一、不规则的多边形

自然界存在很多沿直线排列的形体，如，花岗岩石块的裂缝显示了自然界中不规则直线形物体的特点，它的长度和方向带有明显的随机性。正是这种松散的、随机的特点，使它有别于一般的几何形体。

当设计师使用这一不规则、随机的设计形式时，请用图 3–1 所用的方法绘制不同长度的线条和改变线条的方向。

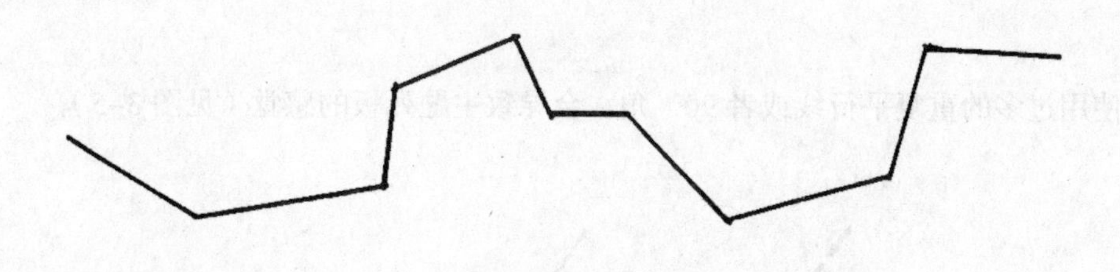

图 3–1　　不规则线条

设计使用角度在 100°　~ 170°　的钝角（见图 3–2）。

图 3–2　钝角

设计使用角度在 190° ～ 260° 的优角（见图 3-3）。

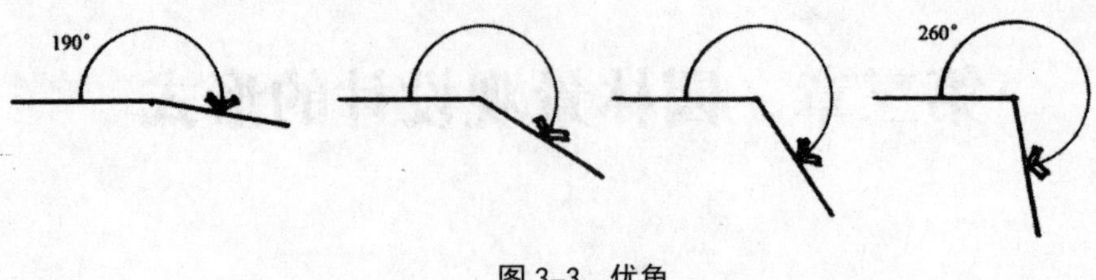

图 3-3 优角

为了避免使用太多的同直角或直线相差不超过 10° 的角度，就不要用太多的平行线（见图 3-4）。

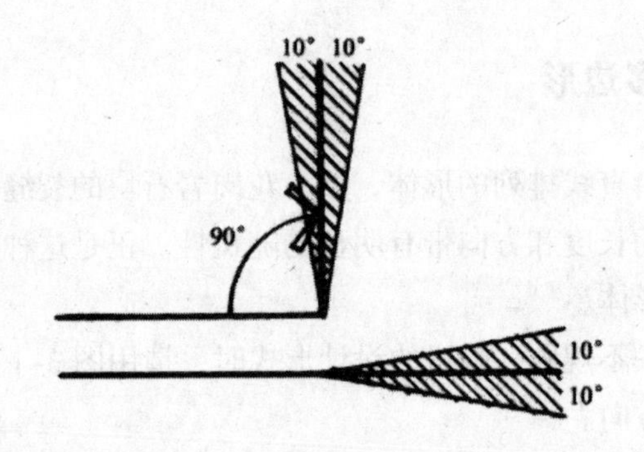

图 3-4 避免这样设计（1）

如果使用过多的重复平行线或者 90° 角，会导致主题死板的感觉（见图 3-5）。

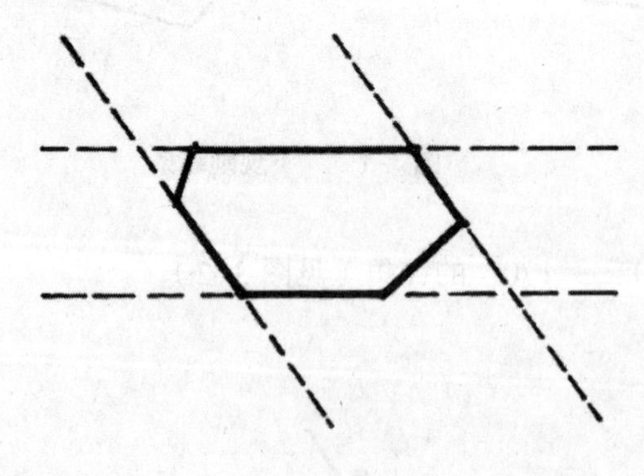

图 3-5 避免这样设计（2）

应避免在设计中使用锐角（见图 3-6）。锐角将会使施工难以实施，人行道产生裂缝，一些空间使用受限，不利于景观的养护等。

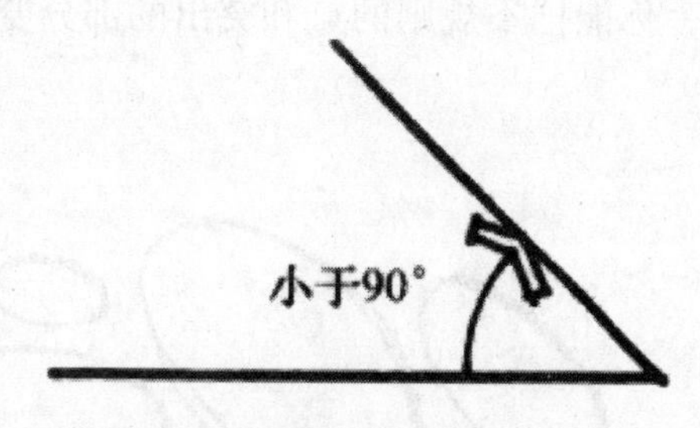

图 3-6　避免这样设计（3）

被侵蚀的海滨砂岩中存在很多不规则的多边形。请注意这些线条长度、线条方向及多边形形状的随机性（见图 3-7）。

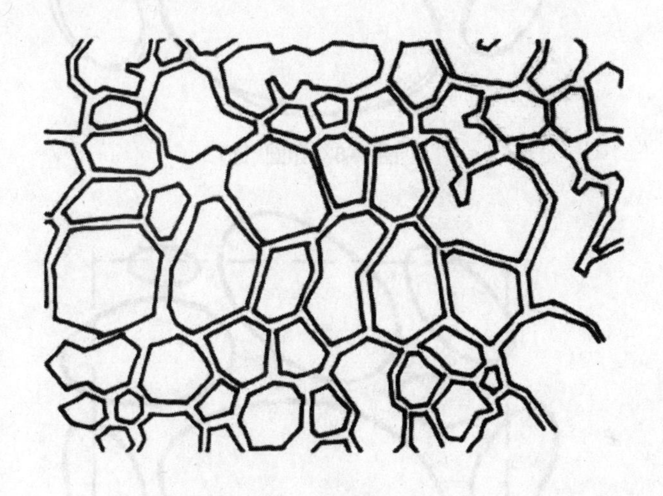

图 3-7　随机形状

线形的多边形组成半规则式的人行道或石质踏步。

二、自由的螺旋形

自由的螺旋形可分为两类：一类是三维的螺旋体或双螺旋的结构。它以旋转楼梯为典型，其空间形体围绕中轴旋转，并同中轴保持相同的距离；另一类是二维的螺旋体，形如鹦鹉螺的壳。旋转体是由螺旋线围绕一个中心点逐渐向远端旋转而成的。两类螺旋形都存在于自然界的生物之中。

把螺旋线进行反转，可以得到其他形式的图案。以螺旋线上的任意一点为轴，都可以对其进行反向旋转。如果这一反转角度接近 90°，就会产生一种强有力的效果。把反转的螺旋形同扇贝形和椭圆形连在一起，就会衍生出一些自由变换的形式。

三、卵圆形和扇贝形图案

如果我们把椭圆看成脱离精确的数学限制的几何形式，我们就能画出很多自由的卵圆。徒手画卵圆是很容易的事。这些图形是以相当快的速度绘制而成的，每一卵圆都重复了几圈。通过这些重复，你能把不规则的点和突出的部分变得更平滑（见图 3-8 和见图 3-9）。

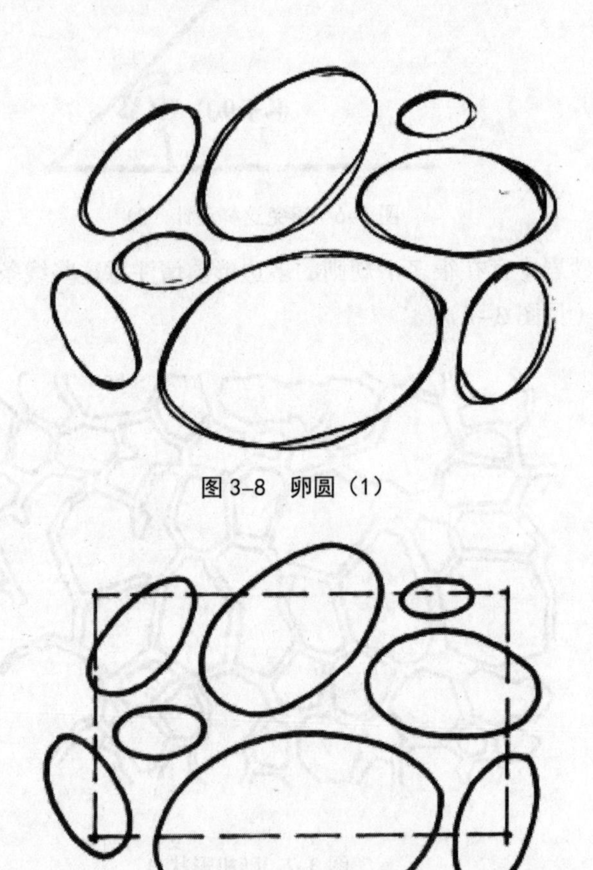

图 3-8　卵圆（1）

图 3-9　卵圆（2）

如图 3-10 和图 3-11 所示，自由漂浮形式的卵圆很适于这一步行道的设计，根据空间大小调整卵圆的尺寸，进而设计出这种循环的模式。

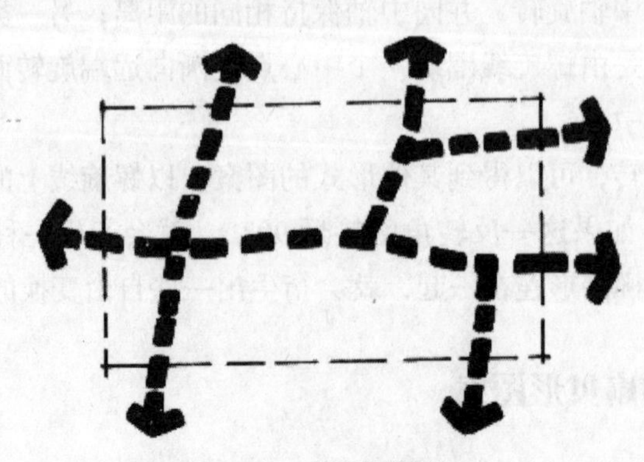

图 3-10　自由漂浮形

图 3–11　循环式景观

为了适应理念性方案中空间和尺寸的需要，有时必须改变这些图形的大小和排列方式。在修改它们使之代表确定的实物之前，如果这些图形需要相交，确保它们之间的交角是 90° 或接近 90° （见图 3–12）。

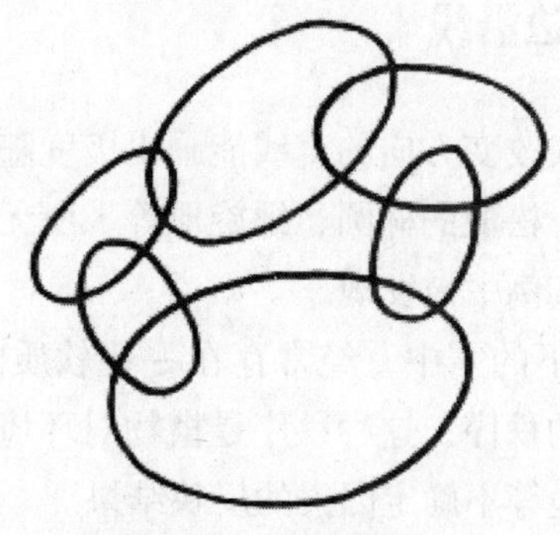

图 3–12　相交图案

四、分形几何学

在自然界中也有一些图案似乎完全不符合欧几里得几何学。就如同词语“多枝的”“云状的”“聚集的”“多尘的”“旋涡形的”“流动的”“碎裂的”“不规则的”“肿胀的”“紊乱的”“扭曲的”“湍流的”“波纹的”“螺纹的”“像小束的”“扭曲的”所描述的图像。你可能想象不定形的形式有很大的不规则性和内在的无秩序性。近来有一个数学的分支叫作“分形几何学”，它试图去给这些明显无序的自然发生的图案以秩序。

大自然中一些看起来不定形、无规则的形状，在景观设计中应用得很好。

把它们看作不规则的、无系统的，是随机的、松散的。不规则的有机设计形状激起一种生长、发展、轻浮、自由的感觉。

五、蜿蜒的曲线

就像正方形是建筑中最常见的组织形式一样，蜿蜒的曲线或许是景观设计中应用最广泛的自然形式，它在自然王国里随处可见。

来回曲折的平滑河床的边线是蜿蜒曲线的基本形式，它的特征是由一些逐渐改变方向的曲线组成，没有直线。

从功能上说，这种蜿蜒的形状是设计一些景观元素的理想选择，如某些机动车和人行道适用于这种平滑流动的形式。

在空间表达中，蜿蜒的曲线常带有某种神秘感。沿视线水平望去，水平布置的蜿蜒曲线似乎时隐时现，并伴有轻微的上下起伏之感。

就如包含着环状气泡的冰块一样，平滑的曲线也有很多有趣的形式。和直线的特点一样，曲线也能环绕形成封闭的曲线。

当这种封闭的曲线被用于景观之中时，它能形成草坪的边界、水池的驳岸或者水中种植槽的外沿。总之，这些形状给空间带来一种松散的、非正式的气息。

为了能画出自由形式的曲线，最好使用徒手快速画线法，即保持手指不动，只让肩关节和肘关节用力，努力画出平滑、有力的波形条纹，避免产生直线和无规律的颤动点。

六、生物有机体的边沿线

一条按完全随机的形式改变方向的直线能画出极度随机的图形，它的随机程度是前文所提到的图形（蜿蜒曲线、松散的椭圆、螺旋形等）所无法比拟的。这一“有机体”特性能很好地在下面大自然的实例中被发现。

自然界植物群落或新下的雪中，经常存在一些软质的、不规则的形式。尽管形式繁多，但它们拥有一种可见的秩序，这种秩序是植物对环境的变化和那些诸如水系、土壤、微气候、火灾、动物栖息地等不确定因素的反映结果。

自然材料，如未雕琢的石块、土壤、水、植物等，很容易地就能展现出生物有机体的特点，可这些人造的塑模材料，如水泥、玻璃纤维、塑料，也能表现出生物有机体的特点。这种较高水平的复杂性把复杂的运动引入设计中，能增加观景者的兴趣，吸引观景者的注意力。

七、聚合和分散

自然形体的另一个有趣的特性是二元性。它将统一和分散两种趋势集为一体：一方面，各元素像相互吸引一样丛状聚合在一起，组成不规则的组团；另一方面，各元素又彼此分离成不规则的空间片段。

景观设计师在种植设计中用聚合和分散的手法，来创造出不规则的同种树丛或彼此交织和包裹的分散的植物组。

成功创造出自然丛状物体的关键是在统一的前提下，应用一些随机的、不规则的形体。例如，围绕池塘的一组石块可通过改变大小、形状和空间排列而成。有些石块应该比其他的大一些；有些石块因空间排序和形状的需要必须突出于水面，另一些则需沿着池岸拾级而上；有些石块要显示出高耸的立面，而另一些却要强调平面效果。这组石块通过大致相同的色彩、质地、形状和排列方向统一在一起。

也有一些分散的例子，它们表达一种破裂分开的感觉，包含一个紧密联系在一起的元素向松散的空间元素逐渐转变的概念。

当设计师想由硬质景观（如人行道）向软质景观（如草坪）逐渐转变时，或想创造出一丛植物群掺入另一丛植物群的景象时，聚合和分散都是很有用的手段。一个丛状体和另一个丛状体在交界处要以一种松散的形式连接在一起。

第二节　园林景观设计的几何形式

一、90°　/矩形主题

90°　/矩形主题是最简单和最有用的几何元素，它同建筑原料形状相似，易于同建筑物相配。在建筑物环境中，正方形和矩形或许是景观设计中最常见的组织形式，原因是这两种图形易于衍生出相关图形。

用90°　的网格线铺在概念性方案的下面，就能很容易地组织出功能性示意图。通过90°　网格线的引导，概念性方案中的粗略形状将会被改写（见图3–13和见图3–14）。

图3–13　概念性方案（1）

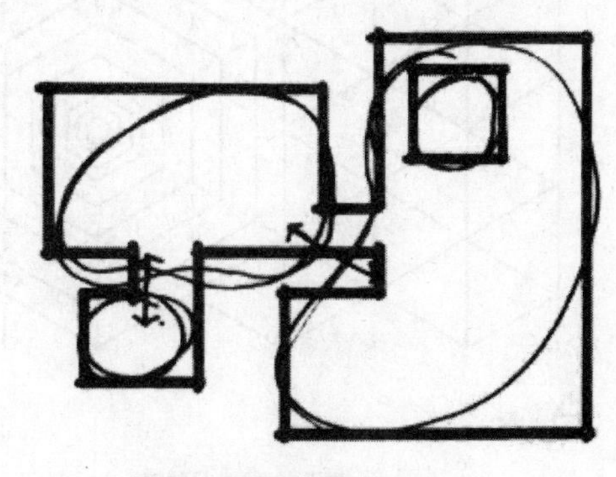

图3–14　概念性方案（2）

那些新画出的、带有90° 拐角和平行边的盒子一样的图形，就赋予了新的含义。在概念性方案中代表的抽象思想，如圆圈和箭头轮廓分别代表功能性分区和运动的走向。而在重新绘制的图形中，新绘制的线条则代表实际的物体，变成了实物的边界线，显示出从一种物体向另一种物体的转变，或者是一种物体在水平方向的突然转变。在概念性方案中用一条线表示的箭头（见图 3-15）变成了用双线表示的道路的边界，遮蔽物符号变成了用双线表示的墙体的边界，中心点符号变成了小喷泉。

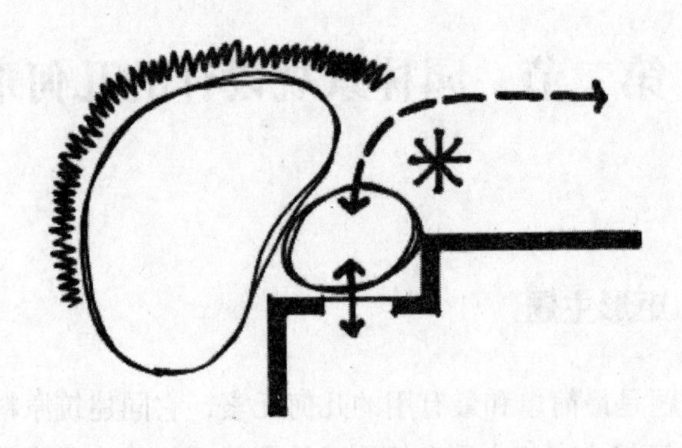

图 3-15　遮蔽物符号

这种90° 模式最易于中轴对称搭配，它经常被用在要表现正统思想的基础性设计中。矩形的形式尽管简单，也能设计出一些不寻常的有趣空间，特别是把垂直因素引入其中，把二维空间变为三维空间以后。由台阶和墙体处理成的下陷和抬高的水平空间的变化，丰富了空间特性。

二、120° / 六边形主题

作为参照图案，这个主题可以看作以 60° 等边三角形或者是六边形组成的网格，如图 3-16 所示。它们都采用了类似的方法。

图 3-16　网格

像图 3–17 那样，把网格覆盖在方案平面图上，一个六边形的景观元素设计可以被描画出来（见图 3–18）。当采用 135° 图案的时候，没有必要把材料的边缘按照网格线来描画，但是却必须始终和网格线平行。

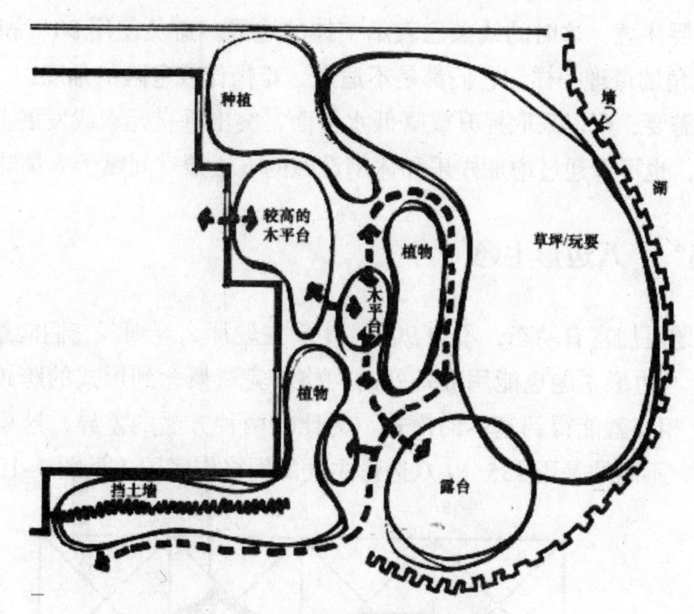

图 3–17　某设计方案平面图示

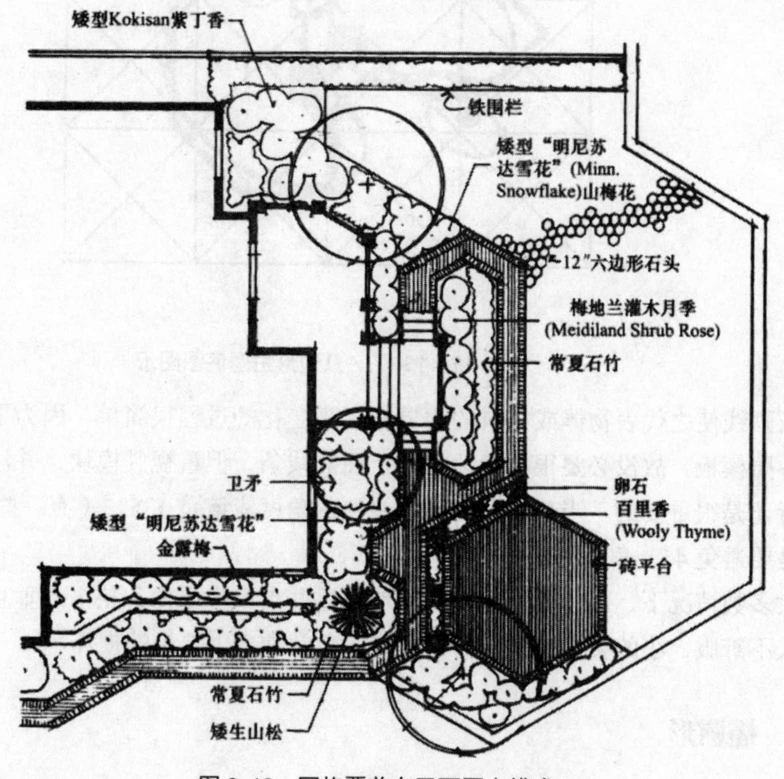

图 3–18　网格覆盖在平面图上模式

根据概念性方案图的需要，可以按相同尺度或不同尺度对六边形进行复制。当然，如果需要的话，也可以把六边形放在一起，使它们相接、相交或彼此镶嵌。为保证统一性，尽量避免排列时旋转。

欲使空间表现更加清晰，可用擦掉某些线条、勾画轮廓线、连接某些线条等方法简化内部线条。但要注意：这时的线条已表示实体的边界。避免使用 30° 和 60° 的锐角，其原因同 45° 锐角的道理一样，它们都是不适合、难操作或危险的角度。

根据设计需要，可以采取提升或降低水平面、突出垂直元素或发展上部空间的方法来开发三维空间，也可以通过增加娱乐和休闲设施的方法给空间赋予人情味。

三、135° /八边形主题

多角的主题更加富有动态，不像 90° /矩形主题那么规则。它们能给空间带来更多的动感。135° /八边形主题也能用准备好的网格线完成概念到形式的跨越。把两个矩形的网格线以 45° 相交就能得到基本的模式。为比较两种方法的差异，这里还用上次的概念性设计方案图，不同的是用 135° /八边形主题的网格作底图（见图 3–19）。

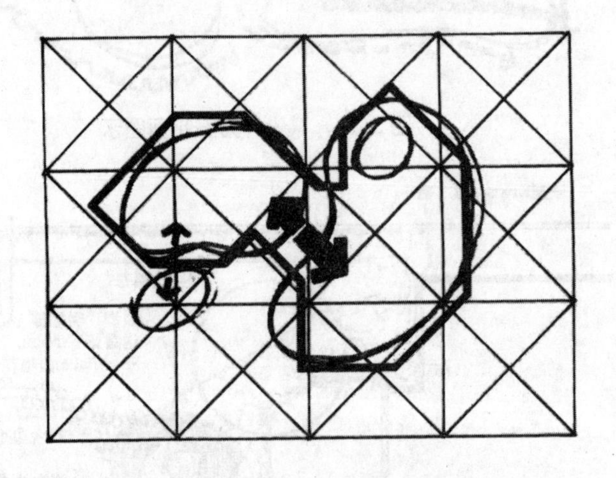

图 3–19 130° /八边形主题底图图示

重新画线使之代表物体或材料的边界和标高变化的过程很简单。因为下面的网格线仅是一个参照模板，故没必要很精确地描绘上面的线条，但重视其模块，并注意对应线条之间的平行还是很重要的。当改变方向时，主要的角度应该是 135° （有一些 90° 角是可以的，但是要避免 45° 角）。

在大多数情况下，锐角会引起一些问题。这些点产生张力，狭窄的垂直边感觉上像刀一样让人不舒服，小的尖角难于维护，狭窄的角常常产生结构的损坏。

四、椭圆形

椭圆能单独应用，也可以多个组合在一起，或同圆组合在一起。

椭圆从数学概念上讲，是由一个平面与圆锥或圆柱相切而得（见图 3–20）。相切的角度是不能平行于主要的水平或垂直轴的斜切。

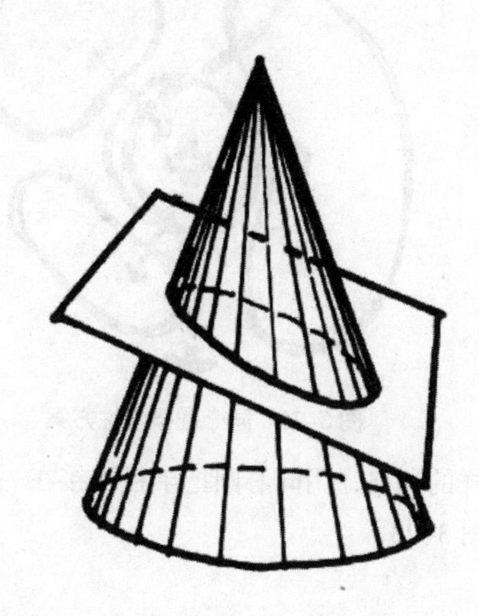

图 3–20　圆锥形

椭圆可看成被压扁的圆。绘制椭圆最简单的方法是使用椭圆模板，但用模板绘制的椭圆可能不是太扁，就是太圆，难以满足你的需要。

五、多圆组合

圆的魅力在于它的简洁性、统一感和整体感。它也象征着运动和静止双重特性。单个圆形设计出的空间能突出简洁性和力量感，多个圆在一起所达到的效果就不止这些了。

多圆组合的基本模式是不同尺度的圆相套或相交。

从一个基本的圆开始，复制、扩大、缩小。

圆的尺寸和数量由概念性方案所决定，必要时还可以把它们嵌套在一起以代表不同的物体。

当几个圆相交时，把它们相交的弧调整到接近 90°，可以从视觉上突出它们之间的交叠。

用擦掉某些线条、勾画轮廓线、连接圆和非圆之间的连线等方法可以简化内部线条。连接如人行道或过廊这类直线时，应该使它们的轴线与圆心对齐。

避免两圆小范围的相交，这将产生一些锐角。也要避免画相切圆，除非几个圆的边线要形成“S”形空间。在连接点处反转也会形成一些尖角。

六、同心圆和半径

如前所述，开始于概念性方案图（见图 3–21）。

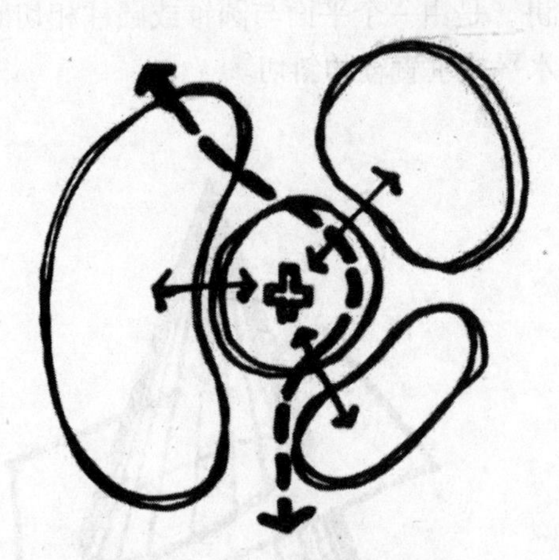

图 3–21　同心圆概念性方案

准备一个“蜘蛛网”样的网格，用同心圆把半径连接在一起（见图 3–22）。把网格铺于概念性平面图之下（见图 3–23）。

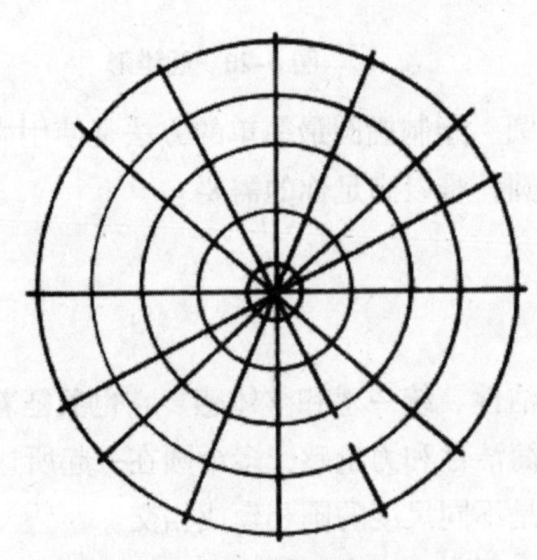

图 3–22　蜘蛛网形

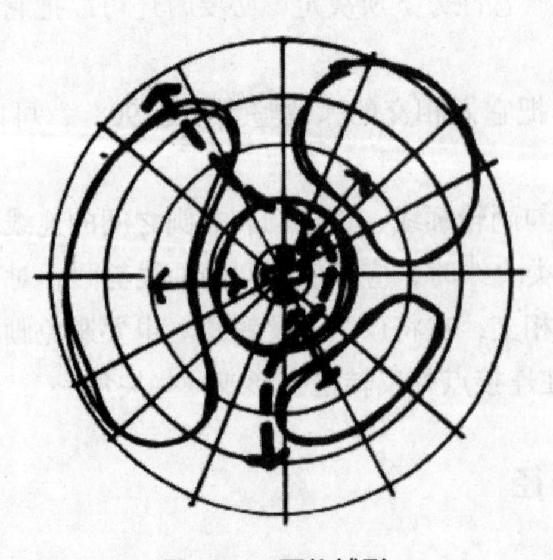

图 3–23　网格铺形

然后根据概念性平面图中所示的尺寸和位置，遵循网格线的特征，绘制实际物体平面图。所绘制的线条可能不能同下面的网格线完全吻合，但它们必须是这一圆心发出的射线或弧线。可擦去某些线条以简化构图。

第三节　园林景观设计的非常形式

一、相反的形式

故意把不和谐的形体放在同一个景观中能导致一种紧张感。

把相互冲突的形式作为对应物布置在一起，会引发一种特殊的情感。一个广场内，地面铺装的花纹和设计的矮墙之间不一致的、对立的关系会引起视觉上的不适。

“不完全正确”的形式是故意引入紧张情绪的另一种方法。因为我们的意识中有一个完美的形象，并且会下意识地去追寻它。

一些观景者看到一处缺点，可能就会失望地离去；另一些可能知道，这是故意设计的不协调并会寻找原因。这很有可能会搅乱人们的视线。

不相容的形式相叠加，会造成对立的形式，即把一种物体放置到与其明显无关的另一物体之上。

例如，在一个弯曲的种植床或地面弯曲的线条上叠加一个带垂直拐角的直线形的座凳，如果不把座凳当成一个整体去观察，那些相互交叠的点就会成为景观中引起紧张的点。如果把它们看作一个个独立的空间，或许会协调一点。

二、锐角形式

某些条件下，通过精心安排，锐角也能成功地与环境融为一体。

建筑师贝聿铭就很有效地把尖角引入他的很多作品之中。它们与正常的直角线条显著不同。

同样，在一些城市广场中也有很多尖锐的边。它们的位置设计得很巧妙，从而使它们不至于给人们带来危险。

三、解构

解构是故意把物体或空间设计成一种遭破坏、腐烂或不完全的状态。或许它仅仅是抓住人们视线的秘密武器，或许它根植于最初的设计概念和目标之中。尽管这种方法可能超乎寻常，但它绝非新鲜物。很多英国古典园林就用这种“腐蚀”的结构以表达久远之感。

采用外观新颖的材料和熟悉的结构营造出古老的、破损的、部分毁坏的、衰败的景观，从而给人以摇摇欲坠的感觉，是设计师追求的一种目标。这种手法对想表达毁坏含义的设计，如地震、侵蚀、火灾等，具有增强效果。

四、变形和视错觉的景观

空间的视错觉在室外环境设计中非常有用。狭长空间的末端可通过空间形式和垂直韵律的控制而拉近或推远。

有一些给人留下深刻印象的壁画作品，如一块闲置的地皮因墙体上部空间和漂浮的海贝引起幻觉而呈现一派海洋景观。

扭曲变形就是熟悉的物体应用时改变它们正常的方式、位置或彼此联系。例如，有的人体模型花园可能会很多人不喜欢，功能性也不强，但观察者会对这一连串违背常规的做法表示惊喜。

五、标新立异的景观

我们所说的标新立异是指那些不同寻常却没有危害的设计师，他们同样富有创造性和充满活力。他们设计的作品常常不合常规，甚至打破常规，在形式、色彩、质地方面包含一些“疯癫的”有趣成分。

六、社会和政治景观

某大学校园附近的半个城区曾经满是泥泞，并且持续多年。有一天，市民们开始自发改善这一地区。他们在凹凸不平的地面铺上了草坪，添置了游乐设施，并种植了蔬菜。没有规划、无人指导。

如果按照人们习惯接受的准则来衡量，这远称不上完美的设计。由于大家共同参与劳动和玩乐，使这一地区变得生机勃勃，他们认为它是有用的、美丽的，这就是社会和政治景观。对多数人来说，这个公园是十分成功的设计，这一景观仅维持了短短几周时间，因为对当权者来说，这种违背常规的做法是不能接受的。这一公园被取消，其形式随后被变为传统的（却是不实用的）修剪整齐的草地和一个球场。

第四章　园林植物景观设计

第一节　园林植物景观的环境影响

一、植物的非视觉品质作用

植物在庭园中最大的作用在于给人以赏心悦目的视觉享受，尤其是成群栽植更能形成动人的形式、纹理和颜色组合。但是在选择植物时，不要忽略了其他品性。

（一）触觉吸引力

触摸植物可以带来很大的乐趣。儿童尤其喜欢这样做，如鸟羽般的青草、柔软的花朵和质地粗糙的树皮，仅仅是众多植物触觉体验中的几种。有些植物，如长有刺状叶片的植物则有明显的威慑作用。

（二）香味

对大多数人而言，园林中有芬芳的花香很重要。有些人对气味很敏感，但在狭小的空间中充斥着太多种浓香也可能令人反感。非专业人士可能感觉所有的玫瑰都能散发香味，实际上并非如此。在植物设计中要审慎选择。并非所有的香味在园林中都是受欢迎的。一般来说，植物花朵常常有甜雅的香味，叶片和树皮也会有芬芳的香味，但是，有些植物过于强烈的香味会吸引苍蝇，还有些植物散发着令人生厌的刺激性气味。

有一些花木则是通过色彩变化或嗅觉等其他途径来传递信息的，如承德离宫中的“金莲映日”和拙政园中的枇杷园等主要就是通过色彩来影响人的感受。“金莲映日”位于离宫如意洲的西部，为康熙三十六景之一。周围遍植金莲，与日月相呼应，如黄金覆地，光彩夺目。枇杷园位于拙政园东南部，院内广植枇杷，其果呈金黄色。每当果实累累，院内便一片金黄，故又称金果园。

通过嗅觉而起作用的花木更多了，如留园中的“闻木樨香”、拙政园中的“雪香云蔚”和“远香益清”等景观，都是借桂花、梅花、荷花等的香气宜人得名的。

（三）声音

植物枝叶的摇动会发出声音。微风中，竹子会发出沙沙声，栖息在竹子中的野生动物，如小鸟的鸣叫声，可以为园林景观增加活力。随着景观植物的成熟，鸟的数量也会逐渐增多。

例如，拙政园中的听雨轩就是借雨打芭蕉产生的音响效果来渲染雨景气氛的。又如，留听阁也是以观（听）赏雨景为主的。建筑物东南两侧均临水池，池中便植荷莲。留听阁即取义于李商隐“留得残荷听雨声”的诗句。借风声也能产生某种意境。再如，承德离宫中的“万壑松风”建筑群，就是借风掠松林而发出的涛声而得名的。万壑松风、听雨轩、留听阁等主要是借古松、芭蕉、残荷等在风吹雨打的条件下所产生的音响效果，而给人以不同的艺术感受，是借花木为媒介而间接发挥作用的，所创造出来的空间意境深深影响了人的感受。

二、结构和维护作用

利用植物材料创造一定的视觉条件可增强空间感，提高视觉和空间序列质量。植物可用于空间中的任何一个平面，以不同高度和不同种类的植物来围合形成不同的空间。空间围合的质量决定于植物的高矮、冠形、疏密和种植的方式。

在进行庭园布置规划时，考虑到使用植物来规划庭园的空间结构，就决定了是否保留现有乔木及绿篱的线型和位置。结构性植物与硬质景观同样重要，因此，在塑造不同空间时，应尽早做出这些决策。

适合发挥结构性作用的植物通常是可以常年维持高度和体量的乔木或灌木，但需要注意的是，有些多年生的大型草本植物也会显著地影响庭园的空间结构。

三、主景、背景和季相景色

植物材料可做主景，并能创造出各种主题的植物景观，但作为主景的植物景观，要有相对稳定的植物形象，不能偏枯偏荣。植物材料还可做背景，但应根据前景的尺度、形式、质感和色彩等决定背景材料的高度、宽度、种类和栽植密度，以保证前后景之间既有整体感又有一定的对比和衬托。背景植物材料一般不宜用花色艳丽、叶色变化大的种类。

季相景色是植物材料随季节变化产生的暂时性景色，具有周期性，如春花秋叶便是园中很常见的季相景色主题。由于季相景色较短暂，而且是突发性的，形成的景观不稳定，因此通常不宜单独将季相景色作为园景中的主景。为了加强季相景色的效果，应成片成丛地种植，同时也应安排一定的辅助观赏空间，避免人流过分拥挤，处理好季相景色与背景或衬景的关系。

随着植物逐渐成熟和季节更替，植物的形态会发生显著变化。庭园中冬季的光秃景象与夏季枝繁叶茂的景象大相径庭。庭园新建时的景观与二十年后相比会差异很大。通过巧妙配置，保证四季皆宜，是种植设计中最大的挑战之一。

四、障景、漏景和框景作用

障景是使用能完全屏障视线通过的不通透植物，达到全部遮挡的目的。

漏景是采用枝叶稀疏的通透植物，其后的景物隐约可见，能让人获得一定的神秘感。

框景是植物以其大量的叶片、树干封闭了景物两旁，为景物本身提供开阔的、无阻拦的视野，有效地将人们的视线吸引到较优美的景色上来，获得较佳的构图。框景宜用于静态观赏，但应安排好观赏视距，使框与景有较适合的关系。

五、改善环境

植物对环境起着多方面的改善作用，表现为净化空气、涵养水源、调节气温及气流、湿度等方面，植物还能给环境带来舒畅自然的感觉。

园林景观的美在于整体的和谐统一。植物应该和硬质景观相协调。植物可以作为视觉焦点，如在视线末端种植一株观赏树，或者用修建灌木将视线引导到凉亭上。可以通过密实的植丛限定空间，或者用特殊植物标示出方向的转变。另外，植物还能引导交通流线。无论是在城市还是乡村，都可以利用植物来统一园林内外的景观。

乡村园林中，种植乡土植物或者将其修剪成装饰形式，可以与周围环境相融合。城市园林中，植物的选择和布置可以模仿周边建筑的外形，也可以在外形上与建筑形成对比。

六、植物改善环境氛围的方式

园林植物色、香、味、形的千姿百态和丰富变幻为大自然增添了神秘莫测的色彩和无穷魅力。从事植物景观艺术设计，首先应从把握植物的观赏特性入手，了解植物不同生长时期的观赏特性及其变化规律，充分利用植物花（叶）的色彩和芳香，叶的形状和质地，根、干、枝的姿态等创造出特定环境的艺术氛围。

（一）园林植物的纹理

植物的纹理是指叶和小枝的大小、形状、密度和排列方式、叶片的厚薄、粗糙程度、边缘形态等。植物的纹理通过视觉或触觉（主要是视觉）感知作用于人的心理，使人产生十分丰富而复杂的心理感受，对景观设计的多样性、调和性、空间感、距离感，以及观赏氛围和意境的塑造有着重要的影响。纹理可分为以下几种。

1. 粗质型

此类植物通常由大叶片、粗壮疏松的枝干及松散的树形组成。粗质型植物给人粗壮、刚强、有力、豪放之感。由于其具有扩张的动势，常使空间产生拥挤的视错觉，因此不宜用在狭小的空间，可用作较大空间中的主景树，如鸡蛋花、七叶树、木棉、火炬树、凤尾兰、广玉兰、核桃、臭椿、二乔玉兰等。

2. 细密型

此类植物叶小而浓密，枝条纤细不明显，树冠轮廓清晰，有扩大距离之感，宜用于局促狭窄的空间，因外观文雅而细腻的气质，适合作背景材料，如地肤、野牛草、文竹、苔藓、珍珠梅、馒头柳、北美乔松、榉树等。

3. 中质型

此类植物是指具有中等大小叶片和枝干及适中的密度的植物，园林植物大多属于此类。

（二）园林植物的形态

除了色彩对视觉感观的强烈冲击外，植物根、干、枝、叶及其整体的形状与姿态也是景观世界营造意境、发人联想、动人心魄的重要元素，如同色彩在人眼中具有“情感”一般，植物的形态也传递着各种信息，或欢快，或平静，或散漫，或向上，或振奋，或凄凉，或抒情，或崇高，或柔美，或颓废，等等。某种意义上与其说是植物的形态不如说是植物的情态更能体现植物形态对景观设计主题及意境表现的意义。

1. 植物的姿态

植物的姿态是指某种植物单株的整体外部轮廓形状及其动态意象。植物的姿态是由其主干、主枝、侧枝和叶的形态及组合方式和组合密度共同构成的。园林植物物种千奇百怪，依据其动势总体概括起来可分为无方向型、水平伸展型和垂直向上型三类。

（1）无方向型

此类植物无明确的动势方向，格调柔和平静，不易破坏构图的统一，在景观设计中，常被用于调和过渡对比过分激烈的景物。此类植物大多拥有曲线形轮廓，有圆形、卵圆形、广卵圆形、倒卵圆形、馒头形、伞形、半球形、丛生形、拱枝形等，还包括人工修剪的树形，如黄杨球等。

（2）水平伸展型

此类植物或匍匐（如葡萄、爬山虎、蟛蜞菊、地锦、野蔷薇、迎春等）或偃卧（如铺地柏、偃柏、偃松等）生长，沿水平方向展开，从而强调了水平方向的空间感，起到引导人流向前的作用，与其他景观要素配合，可营造宁静、舒展、平和或空旷、死亡等气氛。因其对平面的图案表现力较强，常作为地被植物使用，且当与垂直方向景观要素配合组景时更显生动。

（3）垂直向上型

此类植物生长挺拔向上，气势轩昂，强调空间的垂直延伸感和高度感，将人的视线引向高空，适合营造崇高、庄严、静谧、沉思的空间氛围，或与圆形植物或强调水平空间感的景物组合成对比强烈的画面，成为形象生动的视觉中心。此类植物依据其具体轮廓形状又可细分为塔形（如雪松、南洋杉、龙柏、水杉、落羽杉等）、圆柱形（如钻天杨、塔柏、北美圆柏等）、圆锥形（如圆柏、毛白杨、桧柏等）、笔形（如铅笔柏、塔杨等）。

当然植物的姿态并非一成不变，随着季节和树龄的变化，有些树种的姿态会发生改变，这是设计中要注意和把握的。

2. 干的形态

植物具观赏性的干的形态或亭亭玉立，或雄壮伟岸，或独特奇异，其观赏价值的体现主要依赖树干表皮的色彩、质感及树干高度、姿态综合体现。如紫薇的干光滑细腻、白皮松平滑的白干带着斑驳的青斑、佛肚竹大腹便便、青桐皮青干直、龙鳞竹奇节连连、白色干皮的白桦亭亭玉立、紫藤的干蜿蜒扭曲，等等。

3. 枝的形态

植物枝的数量、长短、组合排列方式和生长方向直接决定了树冠的形态和美感。植物形态的千变万化关键在于树枝形态的多样化，树枝形态可大致分为五类：向上型（榉树、龙柏、新疆杨、槭树、白皮松、红枫、泡桐等）、水平型（雪松、冷杉、凤凰木、落羽杉等）、下垂型（龙爪槐、龙爪柳、垂柳、垂枝榕、垂枝榆、垂枝山毛榉等）、匍匐型（平枝枸子、偃柏、铺地柏、连翘等）、攀缘型（五叶地锦、紫藤、凌霄、金银花、牵牛等）。

4. 叶的形态

园林植物的叶形也十分丰富，有单叶和复叶之分。单叶的形式也有近 20 种之多，其中观赏价值较高的主要是一些形状较为特殊或较为大型的叶片，如掌状的鸡爪槭、八角金盘、梧桐、八角枫，龙鳞形的侧柏，马褂形的鹅掌楸，披针形的夹竹桃、柳树、竹、落叶松，针形的松柏类，心脏形的泡桐、紫荆、绿萝等；复叶的形式可分为奇数羽状复叶（如国槐、紫薇）、偶数羽状复叶（如无患子、香椿）、多重羽状复叶（如合欢、栾树）和掌状复叶（如七叶树、木棉）四类。除特殊的叶形具有较高观赏价值外，叶片组合而成的群体美也是十分动人的，如棕榈、蒲葵、龟背竹等，一些大型的羽状叶也常带给游人以轻松、洒脱之美。

5. 根的形态

园林植物中大多数的根都生长在土壤中，只有一些根系特别发达的植物，它们的根暴露在地面之上，高高隆起、盘根错节，具有非常高的观赏价值，它们常因奇特的形态而吸引人们的眼球，成为景观场所中引人注目的视觉焦点。自然暴露的树根都是植物适应当地气候条件的自然生理反应。如榕树的枝、干上布满气生根，倒挂下来犹如珠帘，一旦落地又变成树干，形成独木成林之象，十分神奇；又如池杉的根为了满足呼吸的需要露出水面，像人的膝盖一样；黄葛树的树根盘根错节，遒劲有力，很是壮观。

（三）园林植物的色彩

色彩是景观世界在人眼中最直接和最敏感的反映，园林植物色彩的丰富程度是任何其他景观材料所无法企及的。不同的色彩在不同国家和民族有着不同的象征意义，不同的人对色彩也有不同的喜好。在人们的眼中植物的色彩是有感情的，不同的色彩有着不同的动静、冷暖、喜怒哀乐的指向，植物色彩在园林意境的创造、景物的刻画、景观空间的构图及空间感的表现等方面都起着重要的作用。

植物的色彩主要指植物具观赏性的花、叶、果、干的颜色，总结归纳起来主要可分为红、橙、黄、绿、蓝、紫、白七大色系。

第二节　园林植物景观种植设计的基本原则

一、符合用地性质和功能要求

在进行植物配置时，首先应立足于园林绿地的性质和主要功能。园林绿地的功能是多种多样的，功能的确定取决于其具体的绿地性质，而通常某一性质的绿地又包含了几种不同功能，但其中总有一种主要功能。如城市风景区的休闲绿地，应有供集体活动的大草坪或广场，同时还应有供遮阴的乔木和成片的层次丰富的灌木和花草；街道行道树，首先应考虑遮阴效果，同时还应满足交通视线的通畅；公墓绿化首先应注重纪念性意境的营造，大量配置常绿乔木。

二、适地适树

适地适树是种植设计的重要原则。任何植物都有着自身的生态习性和与之对应的正常生长的外部环境，因此，因地制宜，选择以乡土树种为主、引进树种为辅，既有利于植被的生长繁茂，又是以最经济的代价获得地域特色浓郁效果的明智之举。

三、符合构景要求

植物在景观艺术设计中扮演着多种角色，种植设计应结合其“角色”要求——构景要求展开设计，如做主景、背景、夹景、框景、漏景、前景等，不同的构景角色对植物的选择和配置的要求也是各不相同的。

四、配置风格与景观总体规划相一致

景观总体规划依据不同用地性质和立意有规则和自然、混合之分，而植物的配置风格也有与之相对应的划分，在种植设计中应把握其配置风格与景观总体规划风格的一致性，以保证设计立意实施的完整性和彻底性。

五、合理的搭配和密度

由于植物的生长具有时空性，一棵幼苗经历几年、几十年可以长成荫翳蔽日的参天大树，因此种植设计应充分考虑远期与近期效果相结合，选择合理的搭配和种植密度，以确保绿化效果。比如，从长远来看，应根据成年树冠的直径来确定种植间距，但短期成荫效果不好，可以先加大种植密度，若干年后再移去一部分树木；此外还可利用长寿树与速生树结合，做到远近期结合。

植物世界种类繁多，要想取得赏心悦目的景观艺术效果，就要善于利用各种物种的生态特性，进行合理的搭配。如利用乔木、灌木与地被植物的搭配，落叶植物与常绿植物的搭配，观花植物与观叶植物的搭配，等。当然，这些搭配并非越丰富越好，而应视具体的景区总体规划基调而定。此外，合理的搭配不仅指植物组景自身的关系，还包含了景与景、景区间的自然过渡和相互渗透关系。

六、全面、动态考虑季相变化和观形、赏色、闻味、听声的对比与和谐

植物造景最大的魅力在于其盎然的生命力。随着季节的转换、时间的推移，植物悄然地变化着：萌芽、展叶、开花、落叶、结果，不起眼的树苗长成参天浓荫……此消彼长，传达出强烈的时空感。

植物优美的姿态、绚丽斑斓的色彩、叶片伴着风声雨声的和鸣或馥郁或幽然的芳香及引来的阵阵蜂蝶调动着游人几乎所有的感知系统，带给视觉、嗅觉、触觉、听觉等全方位美的享受。因此，不同于其他景观要素相对单一和静态的设计，种植设计要在全面、动态地把握其季相变化和时空变化过程中考虑植物观形、赏色、闻味、听声的对比与和谐，应保证一季突出，季季有景可赏。

第三节 园林植物景观种植设计形式

一、自然式种植

人们从自然中发掘植物构成类型，将一些植物种类科学地组成一个群体。这与将植物作为装饰或雕塑手段为主的规则式种植方法有很大的差别。例如，19 世纪英国的威廉·罗宾逊（William Robinson）、戈特路德·吉基尔（Gertrude Jekyll）和雷基纳德·法雷（Reginald Farrer）等以自然群落结构和视觉效果为依据，对野生林地园、草本花境和高山植物园进行了尝试性的种植设计，这对自然式种植方式有一定的影响和推动。

在 19 世纪后期美国的詹士·詹森（Jens Jenson）提出了以自然的生态学方法来代替以往单纯从视觉出发的设计方法。19 世纪 80 年代他就开始在自己的设计中运用乡土植物，20 世纪之后的一些作品就明显地具有中西部草原自然风景的模式。19 世纪德国的浮士特·鲍克勒（Fuerst Pueckler）也按自然群落的结构，采用不同年龄的树种设计了一批著名的公园。

自然式种植注重植物本身的特性和特点，植物间或植物与环境间生态和视觉上关系的和谐，体现了生态设计的基本思想。生态设计是一种取代有限制的、人工的、不经济的传统设计的新途径，其目的就是要创造更自然的景观，提倡用种群多样、结构复杂和竞争自由的植被类型。例如，20 世纪 60 年代末，日本横滨国立大学的宫胁昭教授提出的用生态学原理进行种植设计的方法，就是将所选择的乡土树种幼苗按自然群落结构密植于近似天然森林土壤的种植带上，利用种群间的自然竞争，保留优势种。两三年内可郁闭，十年后便可成林，这种种植方式管理粗放，形成的植物群落具有一定的稳定性。

二、规则式种植

在西方规则式园林中，植物常被用来组成或渲染加强规整图案。例如，古罗马时期盛行的灌木修剪艺术就使规则式的种植设计成为建筑设计的一部分。在规则式种植设计中，乔木成行成列地排列，有时还刻意修剪成各种几何形体，甚至动物或人的形象；灌木等距直线种植，或修剪成绿篱饰边，或修剪成规则的图案作为大面积平坦地的构图要素图。例如，在法国著名园林设计师勒·诺特（Andre Le Notre）设计的沃勒维孔特城堡中就大量使用了排列整齐、经过修剪的常绿树图。如地毯的草坪及黄杨等慢生灌木修剪而成的复杂、精美的图案。这种规则式的种植形式，正如勒·诺特自己所说的那样，是“强迫自然接受匀称的法则”。

随着社会、经济和技术的发展，这种刻意追求形体统一、错综复杂的图案装饰效果的规则式种植方式已显得陈旧和落后了，尤其是需要花费大量劳力和资金养护的整形修剪种植更不值得提倡。但是，在园林设计中，规则式种植作为一种设计形式仍是不可缺少的，只是需赋予新的含义，避免过多的整形修剪。例如，在许多人工化的、规整的城市空间中规则式种植就十分合宜。而稍加修剪的规整图案对提高城市街景质量、丰富城市景观也不无裨益。乔木是园中的主体，有时也偶尔采用雪松和橡树带常绿树。例如，在有些设计园中，树群常常仅由一两种树种（如桦木、栎类或松树等）组成。

18 世纪末至 19 世纪初，英国的许多植物园从其他国家尤其是北美地区引进了大量的外来植物，这为种植设计提供了极丰富的素材。以落叶树占主导的园景也因为冷杉、松树和云杉等常绿树种的栽种而改变了以往冬季单调萧条的景象。尽管如此，这种形式的种植仅靠起伏的地形、空阔的水面和溪流还是难以逃脱单调和乏味的局面。

美国早期的公园建设深受这种设计形式的影响。南·费尔布拉泽（Nan Fairbrother）将这种种植形式称为公园 - 庭园式的种植，并认为真正的自然植被应该层次丰富，若仅仅将植被划分为乔灌木和地被或像英国风景园中采用草坪和树木两层的种植，那么都不是真正的自然式种植。

三、抽象图案式种植

由于巴西气候炎热、植物自然资源十分丰富，种类繁多，所以设计师从中选出了许多种类作为设计素材组织到抽象的平面图案之中，形成了不同的种植风格。从这类作品中就可看出设计者受立体主义绘画的影响。种植设计从绘画中寻找新的构思也反映出艺术和建筑对园林设计有着深远的影响。

巴西著名设计师设计抽象图案或种植以后的一些现代主义园林设计师们也重视艺术思潮对园林设计的渗透。例如，某些设计作品中就分别带有极少主义抽象艺术和通俗的波普艺术的色彩。

这些设计师更注重园林设计的造型和视觉效果，设计往往简洁、偏重构图，将植物作为一种绿色的雕塑材料组织到整体构图之中，有时单纯从构图角度出发，用植物材料创造一种临时性的景观。甚至有的设计还将风格迥异、自相矛盾的种植形式用来烘托和诠释现代主义设计。

第四节 园林植物景观配置

一、基地条件

虽然有很多植物种类都适合于基地所在地区的气候条件，但是由于生长习性的差异，植物对光线、温度、水分和土壤等环境因子的要求不同，抵抗劣境的能力不同，因此，应针对基地特定的土壤、小气候条件安排相适应的种类，做到适地适树。

第一，对不同的立地光照条件应分别选择喜阴、半耐阴、喜阳等植物种类。喜阳植物宜种植在阳光充足的地方，如果是群体种植，应将喜阳的植物安排在上层，耐阴的植物宜种植在林内、林缘或树荫下、墙的北面。

第二，多风的地区应选择深根性、生长快速的植物种类，并且在栽植后应立即加桩拉绳固定，风大的地方还可设立临时挡风墙。

第三，在地形有利的地方或四周有遮挡并且小气候温和的地方可以种些稍不耐寒的种类，否则应选用在该地区最寒冷的气温条件下也能正常生长的植物种类。

第四，受空气污染的基地还应注意根据不同类型的污染，选用相应的抗污种类。大多数针叶树和常绿树不抗污染，而落叶阔叶树的抗污染能力较强，像臭椿、国槐、银杏等，就属于抗污染能力较强的树种。

第五，对不同PH值的土壤应选用的植物种类。大多数针叶树喜欢偏酸性的土壤（PH值为3.7 ~ 5.5），大多数阔叶树较适应微酸性土壤（PH值为5.5 ~ 6.9），大多数灌木能适应PH值为6.0 ~ 7.5的土壤，只有很少一部分植物耐盐碱，如乌桕、苦楝、泡桐、紫薇、白蜡、刺槐、柳树等。当土壤其他条件合适时，植物可以适应更广范围PH值的土壤，例如，桦木最佳的土壤PH值为5.0 ~ 6.7，但在排水较好的微碱性土壤中也能正常生长。大多数植物喜欢较肥沃的土壤，但是有些植物也能在瘠薄的土壤中生长，如黑松、白榆、女贞、小蜡、水杉、柳树、枫香、黄连木、紫穗槐、刺槐等。

第六，低凹的湿地、水岸旁应选种一些耐水湿的植物，如水杉、池杉、落羽杉、垂柳、枫杨、木槿等。

二、比例和尺度

植物的比例、外形、高度及冠幅对园林景观的氛围影响巨大。选择恰当大小的植物至关重要，如果植物过大，空间会过于幽闭，而如果植物太小，空间就会缺乏围合和保护。植物应该与邻近的建筑、园林及人体在尺度上相协调。

为了取得和谐统一的效果，不同群组的植物应该在比例和数量上相互协调。尽量用不同大小和形状的植物形成平衡的节奏。如如果园林的一侧种植一棵大型灌木，应采取相应措施在另一侧进行平衡。最简单的做法就是在对面位置种植一棵相同的植物，但是如果使用小灌木，单株可能不足以平衡大灌木产生的“视觉重量”，可能需要种植三棵或五棵。之所以说三棵或五棵，因为奇数配置可以形成较自然的效果，而偶数往往显得更规则。

植物配置中要注重群组效果，而不能仅仅局限于单株形态。一株鸢尾无法与一棵圆形的大灌木取得平衡，但大片鸢尾的体量可与之相当。

在设计植物景观时，要确保园林不同区域的植物通过一定程度的重复而相互呼应。种植相同植物是避免场地中植物种类过多的好方法，而且这样种植比看上去很凌乱的“散点布置”更能形成强烈的视觉效果。

三、植物形态

植物配置应综合考虑植物材料间的形态和生长习性，既要满足植物的生长需要，又要保证能创造出较好的视觉效果，与设计主题和环境相一致。一般来说，庄严、宁静的环境的配置宜简洁、规整；自由活泼的环境的配置应富于变化；有个性的环境的配置应以烘托为主，忌喧宾夺主；平淡的环境宜用色彩、形状对比较强烈的配置；空阔环境的配置应集中，忌散漫。

（一）种植层次

种植设计，无论是水平方向还是垂直方向，应尽量按照一定层次来配置植物。植床宽度应该能容纳一排以上的植物，从而使植物能够有前后的层次效果。所谓层次效果是指有些植物被前面的植物部分遮挡后形成的景深感。

在空间有限、植床狭窄的情况下，可以在垂直方向的层次上做文章，即模仿自然界中植物群落生存的情形。例如，在林地中，植物群落自然形成几“层”，大乔木在上层，小乔木和灌木在中层，草本植物和球根植物在最下层。

按照这种方式种植，可以在同一个地块形成几种景观效果，且整体效果好。例如，春季和秋季开花的球根植物可以种植在草本植物中间，上层的灌木和乔木在这两个季节也有景可观。

（二）光线质量

植物的纹理会影响其吸收和反射光线的效果。有些植物叶片有光泽且反光，而有些植物叶片则粗糙且吸光。叶片光亮的植物可以使一个黑暗的角落赫然生辉，而叶面粗糙的植物可以作为很好的背景来衬托颜色艳丽的植物或者装饰性的元素。

园林设计中可以尝试使用不同的纹理，如光滑的、粗糙的、金属质感的、皮毛质感的等。一般来说，应是以一种质感为主，并在园林的不同区域重复出现，以增加不同地块间的联系。

（三）纹理

选择植物首先要考虑颜色和形状，然后就是叶片纹理。与布料等织物一样，植物叶片也有不同的粗糙度和光洁度。叶面的类型很多，从粗糙到细密，像软毛、天鹅绒、羊皮、砂纸、皮革和塑料等。为了最有效地展示植物的纹理，可以将纹理相差悬殊的植物对比配置。有些植物本身上部和下部的叶片就有显著差异。

四、颜色

虽然硬质景观元素（如墙体和铺地）也是整个园林色彩构成的一部分，但是植物与园林色彩的联系可能更为密切。

在种植设计方面，你所喜欢的颜色搭配未必能适合现有的硬质景观颜色。更明智的做法往往是首先考虑背景，然后选择相应的补色或者对比色。植物的颜色可以突出整个园林的重点。例如，植物的颜色搭配可以影响空间的透视感。冷色（如淡蓝色、淡褐色、白色和灰色）植物如果布置在稍远的位置，将会有延伸空间深度的效果。暖色（如大红色、亮黄色）植物由于更容易引人注目，所以有一种距离观者更近的感觉。从这方面考虑，应避免在面对重要景点的道路旁使用强烈的颜色，因为这样会与整体景观发生冲突，分散对主景的注意力。可以通过强烈的颜色吸引视线，使需要遮挡的东西从场景中弱化。

虽然花朵的颜色为大多数人多关注，但是在进行种植设计时，应该对保留时间更长久的叶片、树皮和枝干的颜色予以重视。

叶片的颜色很多，仅就绿色系而言就有黄绿色、灰绿色和蓝绿色等，此外，还有紫色系、红色系和黄色系等。有些植物的新生叶片呈现嫩绿色、黄色甚至是粉色，成熟时颜色就会变深变暗。植物颜色的季节变化也能形成令人惊叹的美景。

喜酸性土壤的植物，秋季时叶片的颜色会从橙黄色变成红色，再变成深紫色。在秋日的阳光下，这种丰富的跳动颜色可以使整个园林异常的缤纷绚丽。有些植物，尤其是落叶乔木和灌木，其树皮和枝干的色彩在冬季有很好的观赏价值。

光线影响人们对颜色的感知，所以画家们喜欢在光线变化相对较小的朝北房间作画。当光线强度增加时，所有的颜色都显得很淡，但是很强的色调（如亮红色和橘黄色）比淡的颜色有更多的光泽。

典型热带地区中，在阳光的强烈照射下，淡的颜色几乎被完全“漂白”了。在温带地区，天空中略带蓝色的光线下，颜色的区分更明显，淡色倾向于变浓，而浓的颜色看上去更加浓丽。

当傍晚来临太阳变红时，亮色先是变得更加浓重，然后逐渐变深呈紫色直至黑色。更淡的颜色，尤其是白色，将会在其他颜色变弱后还持续发亮。可以利用这种现象配置阴暗处的植物。

五、种植间距

作种植平面图时，图中植物材料的尺寸应按现有苗木的大小画在平面图上，这样，种植后的效果与图面设计的效果就不会相差太大。无论是视觉上还是经济上，种植间距都很重要。稳定的植物景观中的植株间距与植物的最大生长尺寸或成年尺寸有关。在园林设计中，从造景与视觉效果上看，乔灌木应尽快形成种植效果、地被物应尽快覆盖裸露的地面，以缩短园林景观形成的周期。因此，如果经济上允许的话，一开始可以将植物种得密些，过几年后逐渐移去一部分。例如，在树木种植平面图中，可用虚线表示若干年后需要移去的树木，也可以根据若干年后的长势、种植形成的立地景观效果加以调整，移去一部分树木，使剩下的树木有充足的地上和地下生长空间。解决设计效果和栽种效果之间的差别过大的另一个方法是合理地搭配和选择树种。

种植设计中可以考虑增加速生种类的比例，然后用中生或慢生的种类接上，逐渐过渡到相对稳定的植物景观。

六、植物种植风格

凡是一种文化艺术的创作，都有一个风格的问题。园林植物的景观艺术，无论是自然生长还是人工的创造（经过设计的栽植），都表现出一定的风格。而植物本身是活的有机体，故其风格的表现形式与形成的因素就更为复杂一些。一团花丛、一株孤树、一片树林、一组群落，都可从其干、叶、花、果的形态，反映于其姿态、疏密、色彩、质感等方面，而表现出一定的风格。

如果再加上人们赋予的文化内涵、诗情画意、社会历史传说等因素，就更需要在进行植物栽植时加以细致而又深入的规划设计，才能获得理想的艺术效果，从而表现出植物景观的艺术风格来。下面简要介绍几类植物风格。

（一）以植物的生态习性为基础，创造地方风格为前提

植物既有乔木、灌木、草本、藤本等大类的生态特征，更有耐水湿与耐干旱、喜阴喜阳、耐碱与怕碱，以及其他抗性（如抗风、抗有害气体等）和酸碱度的差异等生态特性。如果不符合植物的这些生态特性，就不能生长或生长不好，也就更谈不上什么风格了。

如垂柳好水湿，适应性强，有下垂而柔软的枝条、嫩绿的叶色、修长的叶形，栽植于水边，就可形成“杨柳依依，柔条拂水，弄绿棒黄，小鸟依人”般的风韵。

油松为常绿大乔木，树皮黑褐色，鳞片剥落，斑然入画，叶呈针状，深绿色；生于平原者，修直挺立；生于高山者，虬曲多姿。孤立的油松则更见分枝成层，树冠平展，形成一种气势磅礴、不畏风寒、古拙而坚挺的风格。

将松、竹、梅称为“岁寒三友”，体现其不畏风寒、高超、坚挺的风格；或者以“兰令人幽、菊令人雅、莲令人淡、牡丹令人艳、竹令人雅、桐令人清”来体现不同植物的形

态与生态特征，就能产生“拟人化”的植物景观风格，从而也能获得具有民族精华的园林植物景观的艺术效果。

植物的生态习性不同，其景观风格的形成也不同。除了这个基础条件之外，就一个地区或一个城市的整体来说，还有一个前提，就是要考虑不同城市植物景观的地方风格。有时，不同地区惯用的植物种类有差异，也就形成不同的植物景观风格。

植物生长有明显的自然地理差异，由于气候的不同，南方树种与北方树种的形态如干、叶、花、果也不同，即使是同一树种，如扶桑，在南方的海南岛、湛江、广州一带，可以长成大树，而在北方则只能以“温室栽培”的形式出现。即使是在同一地区的同一树种，由于海拔高度的不同，植物生长的形态与景观也有明显的差异。然而，就整体的植物气候分区来说，是难以改变的，有的也不必去改变，这样才能保持丰富多彩、各具特色的植物景观风格。我国北方的针叶树较多，常绿阔叶树较少，如在东北地区自然形成漫山遍野的各种郁郁葱葱、雄伟挺拔的针叶林景观，这种景观在南方很少见；而南方那幽篁蔽日的毛竹林，或疏林萧萧、露凝清影的小竹林，在北方则难以见到。

除了自然因素以外，地区群众的习俗与喜闻乐见，在创造地方风格时，也是不可忽略的，如江南农村（尤其是浙北一带）家家户户的宅旁都有一丛丛的竹林，形成一种自然朴实而优雅宁静的地方风格。在北方黄河流域以南的河南洛阳、兰考等市、县，则可看到成片、成群的高大泡桐，或环绕于村落，或列植于道旁，或独立于园林的空间，每当紫白色花盛开的 4 月，就显示出一种硕大、朴实而稍带粗犷的乡野情趣。

所以说，植物景观的地方风格，是受地区自然气候、土壤及其环境生态条件的制约，也受地区群众喜闻乐见的风俗影响，离开了它们，就谈不到地方风格。因此，这些就成了创造不同地区植物景观风格的前提。

（二）以文学艺术为蓝本，创造诗情画意等风格

园林是一门综合性学科，但从其表现形式发挥园林立意的传统风格及特色来看，又是一门艺术学科。它涉及建筑艺术、诗词小说、绘画音乐、雕塑工艺等诸多的文化艺术。

文学艺术气息与思想直接或间接地被引用或渗透到园林中来，甚至成为园林的一种主导思想，从而使园林成为文人们的一种诗画实体。这种理解虽与今日的园林含义有所不同，但如果仅从一些古典的文人园林的文化游憩内涵来看是可以的。而在诸多的艺术门类中，文学艺术的“诗情画意”对园林植物景观的欣赏与创造和风格的形成，则尤为明显。

植物形态上的外在姿色、生态上的科学生理性质，以及其神态上所呈现的内在意蕴，都能以诗情画意做出最充分、最优美的描绘与诠释，从而使游园的人获得更高、更深的园林享受；反过来，植物景观的创造如能以诗情画意为蓝本，就能使植物本身在其形态、生态及神态的特征上得到更充分的发挥，也才能使游园者感受到更高、更深的精神美。“以诗情画意写入园林”，是中国园林的一个特色，也是中国园林的一种优秀传统：它既是中国现代园林继承和发扬的一个重要方面，也是中国园林植物景观风格形成中的一个主要因素。

（三）以设计者的学识、修养和品位，创造具有特色的多种风格

园林的植物风格，还取决于设计者的学识与文化艺术的修养。即使是在同样的生态条件与要求中，由于设计者对园林性质理解的角度和深度有差别，所以表现的风格也会不同。而同一设计者也会因园林的性质、位置、面积、环境等状况不同而产生不同的风格。

在同一个园林中，一般应有统一的植物风格，或朴实自然，或规则整齐，或富丽妖娆，或淡雅高超，避免杂乱无章，而且风格统一，这样更易于表现主题思想。

而在大型园林中，除突出主题的植物风格外，也可以在不同的景区栽植不同特色的植物，采用特有的配置手法，体现不同的风格。如观赏性的植物公园，通常就是如此。由于种类不同，个性各异，集中栽植，必然形成各具特色的风格。

大型公园中，常常有不同的园中园，根据其性质、功能、地形、环境等，栽植不同的植物，体现不同的风格。尤其是在现代公园中，植物所占的面积大，提倡“以植物造景”为主，就更应多考虑不同的园中园有不同的植物景观风格。植物风格的形成，除了植物本身这一主要题材之外，在许多情况下，还需要与其他因素作为配景或装饰才能更完善地体现出来。如高大雄浑的乔木树群，宜以质朴、厚重的黄石相配，可起到锦上添花的作用；玲珑剔透的湖石，则可配在常绿小乔木或灌木之旁，以加强细腻、轻巧的植物景观风格。

从整体来看，如在创造一些纪念性的园林植物风格时，就要求体现所纪念的人物、事件的事实与精神，对主角人物的爱好、品位、人格及主题的性质，发生过程等、做深入的探讨，配置与之外貌相当的植物。如果只注意一般植物生态和形态的外在美，而忽略其神韵的一面，就会显得平平淡淡，没有特色。

当然，也并不是要求每一块的植物配置都有那么多深刻的内涵与丰富的文化色彩，但既谈到风格，就应有一个整体的效果。尽量避免小处的不伦不类、没有章法，甚至成为整体的“败笔”。

故植物配置并不只是要“好看”就行，而是要求设计者除了懂得植物本身的形态、生态之外，还应该对植物所表现出的神态及文化艺术、哲理意蕴等，有相应的学识与修养。这样才能更完美地创造出理想的园林植物景观风格。

园林植物景观的风格，依附于总体园林风格。一方面要继承优秀的中国传统风格；另一方面也要借鉴外国的、适用于中国的园林风格。现代的城市建设，尤其是居住区建设中，常常出现一些“欧陆式”“美洲式”或“日本式”的建筑风格，这使中国园林的风格多样化。但从植物景观的风格来看，如果在全国不分地区大搞草皮，广栽修剪植物，就不符合中国南北气候差别、城市生态不同、地域民俗各异的特点了。

在私人园林中选择什么样的树种，体现什么样的风格，多由园林主人的爱好而定，如陶渊明爱菊、周敦颐爱莲、林和靖爱梅、郑板桥喜竹，则其园林或院落的植物风格，必然表现出菊的傲霜挺立、莲的皓白清香、梅的不畏风寒及竹的清韵萧萧、刚柔相济的风格。从植物的群体来看，大唐时代的长安城栽植牡丹之风极盛，家家户户普遍栽植，似乎要以牡丹的花大而艳、极具荣华富贵之态，来体现大唐盛世的园林风格一样。

以上诸例，或从整体上，或从个别景点上，以不同的植物种类和配置方式，都能表现

私人园林丰富多彩的园林植物风格。

（四）以师法自然为原则，弘扬中国园林自然观的理念

中国园林的基本体系是大自然，园林的建造以师法自然为原则，其中的植物景观风格，也就当然如此。尽管不少传统园林中的人工建筑比重较大，但其设计手法自由灵活，组合方式自然随意，而山石、水体及植物乃至地形处理，都是顺其自然，避免较多的人工痕迹。中国人爱好自然，欣赏自然，并善于把大自然引入我们的园林和生活环境中来。

第五节　园林植物景观手绘表现方法

植物的手绘表现方法是学习园林设计时必须掌握的，它对园林整体设计表现也是重要的一部分。要画好植物，准确体现园林设计的意图，一方面要求对各类植物的外形、特征、生长特性加以了解和掌握；另一方面也离不开实践操作，要多做写生、观察、绘图工作。

树木的平面符号是便于在植物配置平面图中，清晰地表明树木的种类和配置情况。因此其符号是以树冠为直径，按制图比例画入平面图内的。其符号形状的产生是根据不同树种，以俯视角度看树而产生的平面圆形状。为了便于识别，根据树种特征进行不同树种的画法，分别有针叶树、常绿阔叶林、阔叶树、落叶树、热带树。符号中圆心一般表示树干中心和栽植位置。其画法可以用圆形模板，也可以徒手绘画。

在画地被、草花植物时，为了区分不同的种类，我们往往会用直线或云纹即大小弧线框出所种植的范围后，在框内画一些接近花形或叶形的符号来区别。比如，草坪的平面表示，是在框好的直线范围内，用碎点或短线排列表示。而草花就可以用象征性的符号来代替，如喇叭形，我们在圈好的种植范围内就可以画三角形符号代替花的品种，这样可以在种植品种较多的情况下，便于区别，但是要注意把握好整体平面图，不能太琐碎，以防破坏整体画面。框内的符号不宜过于密集，还是以易区别、整体效果好为准。

常绿树的枝叶结构一般长得比较紧密，树形清晰，画时要注意树的外轮廓特征。先画树的外形，再根据光线走势画树叶。接近光源的枝叶清淡疏松，暗部的枝叶浓黑密集。画时可分成组来画。树叶的层次和立体感的表现，还可以在用笔上加以表现，用轻重、缓急、深浅、大小来区分前后的关系。

常绿树的树叶有朝上长的，也有朝下长的，可以根据实际情况在基本形上加以替换后变为其他所需的树种。

总之，画常绿树的关键是以抓住树木的整体形态为准，如图 4-1 所示。

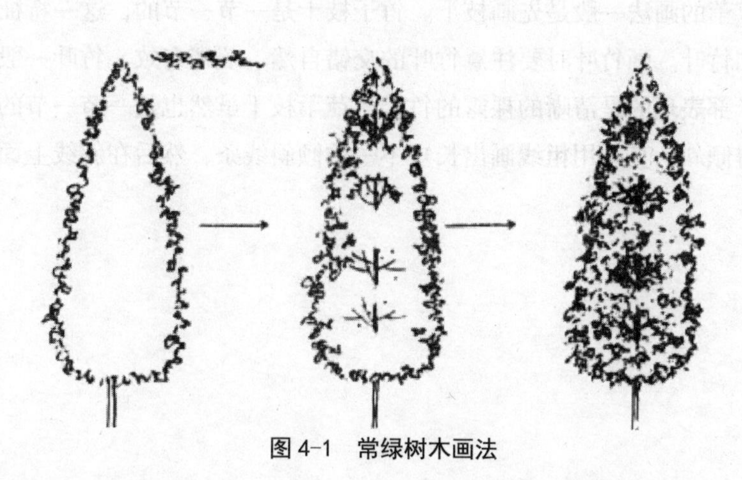

图 4-1　常绿树木画法

落叶树表现手法多种多样，可以根据自己的喜好选择。如图 4-2 所示，这一组落叶树，是以树叶的整体分组分层构成的画法。先画一组一组的树叶层次，然后添加树干。也可以先画树枝的主干和枝干，画时有意留出画树叶的空白，然后再画一组一组的树叶。也有不画树叶只画树干和树枝的，一般画冬天的树可以这样表达。落叶树主要表现树的枝干骨架，画时要注意层次和分枝的生长趋向，抓住树木的特征和生长形态，笔触要有轻有重，不能平均分配。画枝干时需要考虑到粗细、远近、轻重、疏密等处理方法，笔触要自然。

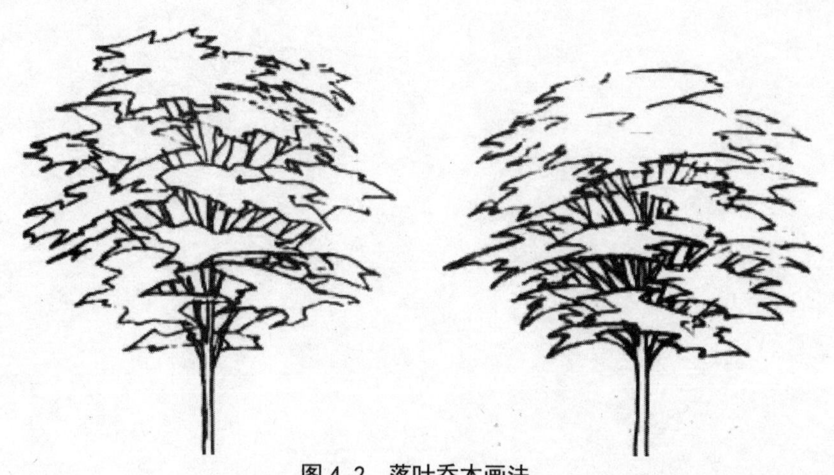

图 4-2　落叶乔木画法

绿篱的作用是分隔空间，因此栽植比较密，以形成一道绿墙。画规整的绿篱时一般在长宽高的基本体块上作画，画时除了注意植物的生长结构外，还要注意体块的受光面不同所产生的黑、白、灰不同的植物面。

攀缘植物一般是以画树叶为主，用连贯缠绕的画法尽可能画出自然盘绕的感觉，树叶要画得有疏有密，之后在穿插的树叶中添加时隐时现的攀缘植物主枝干。

竹子和芦苇的画法一般是先画枝干。竹子枝干是一节一节的，这一特征要把它表现出来，然后添加竹叶。画竹叶时要注意竹叶的交错自然、疏密有致，竹叶一般集中在主干的上半部，下半部表现的是清晰的裸露的竹竿，芦苇枝干虽然也是一节一节的，但比较细，容易被风吹得倾斜，直接用粗线画出长短不一的倾斜线条，然后在斜线上面添加枝叶就可以了。

第五章　园林道路与广场的设计

第一节　园林道路

园路是园林的重要组成部分和主要景观之一，包括道路、广场、游憩场地等一切硬质铺装。它不仅担负交通、导游、组织空间、划分景区的功能，还具有造景作用，是园林工程设计与施工的重要组成部分。

一、园路的功能与分类

道路的修建铺地在我国历史悠久。如战国时代、秦、东汉、唐代、西夏的花纹铺地砖，西汉遗址中的卵石路面，明清时的雕砖卵石嵌花路及江南庭园中的各种花街铺地等。材料多是砖、瓦、卵石、碎石片等，施工精细，紧凑稳健，风格雅致，朴素大方，成为我国园林艺术的成就之一。近代以来，随着科技、建材工业及旅游事业的发展，园林铺地中又陆续出现了水泥混凝土、沥青混凝土以及彩色水泥混凝土、彩色沥青混凝土、透水透气性路面等，这些新材料、新工艺的应用，使园路更富于时代感，为现代园林增添了新光彩。

（一）园路的功能

园路是贯穿全园的交通网路，是联系若干个景区和景点的纽带，是园林景观的要素之一。园路的走向对园林的通信、光照、环境保护也有一定的影响。园路与其他要素一样，具有多方面的实用功能和美学功能。

1. 划分、组织空间

园林功能分区的划分多是利用地形、建筑、植物、水体或道路。对地形起伏不大、建筑比重小的现代园林绿地，用道路围合、划分则是主要方式。同时，借助道路面貌（线形、轮廓、图案等）的变化可以暗示空间性质、景观特点的转换以及活动形式的改变，从而起到组织空间的作用。

2. 交通和导游

首先，经过铺装的园路能耐践踏、碾压和磨损，可满足各种园路运输的要求，并为游人提供舒适、安全、方便的交通条件；其次，园林景点间的联系是依托园路进行的，为动态序列的展开指明了前进的方向，引导游人从一个景区进入另一个景区；最后，园路还为欣赏园景提供了连续的不同的视点，可以取得移步换景的效果。

3. 提供活动场地和休息场所

在建筑小品周围、花间、水旁、树下等处，园路可扩展为广场（可结合材料、质地和图案的变化），为游人提供活动和休息的场所。

4. 构成园景

作为园林景观界面之一，园路与山、水、植物、建筑等共同组成空间画面，构成园林艺术的统一体。优美的园路曲线、精美的铺装图案、多变的铺地材料，有助于园林空间的塑造，丰富游人的观赏趣味。同时，通过和其他造园要素的密切配合，可深化园林意境的创造。不仅可以“因景设路”，而且能“因路得景”，路景浑然一体。

5. 组织排水

道路可以借助其路缘或边沟组织排水。一般园林绿地都高于路面，方能实现以地形排水为主的原则。道路汇集两侧绿地径流之后，利用其纵向坡度即可按预定方向将雨水排出。

（二）园路的分类

1. 根据构造形式分

（1）路堑型（也称街道式）

立道牙位于道路边缘，路面低于两侧地面，道路排水。构造如图 5-1 所示。

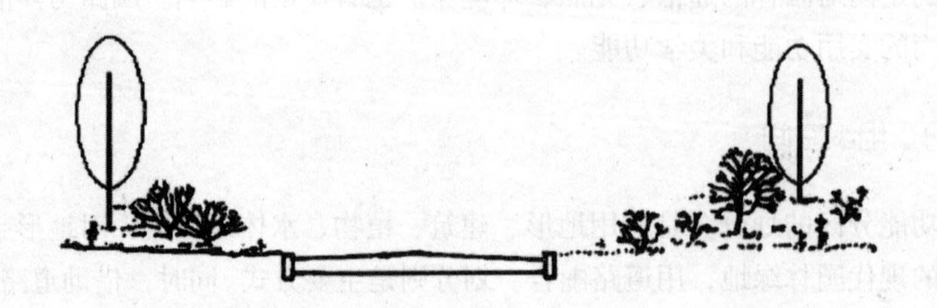

图 5-1　路堑型园路立面

（2）路堤型（也称公路式）

平道牙位于道路靠近边缘处，路面高于两侧地面（明沟），利用明沟排水。构造如图 5-2 所示。

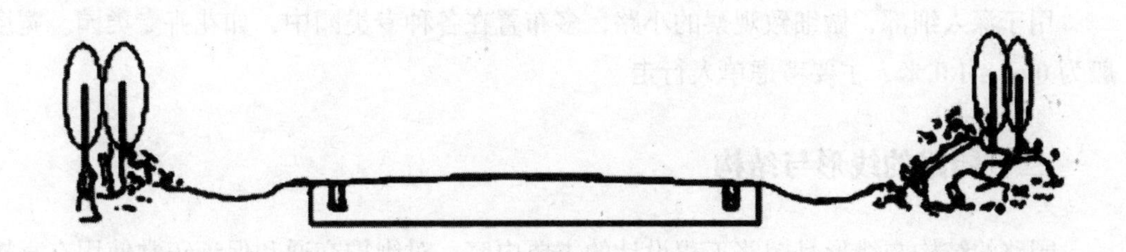

图 5-2　路堤型园路立面

（3）特殊型

包括步石、汀步、磴道、攀梯等。

2. 按面层材料分

（1）整体路面

包括现浇水泥混凝土路面和沥青混凝土路面。整体路面平整、耐压、耐磨，适用于公园主路和出入口。

（2）块料路面

包括各种天然块石、陶瓷砖及各种预制水泥混凝土块料路面等。块料路面坚固、平稳，图案纹样和色彩丰富，适用于广场、游步道和通行轻型车辆的地段。

（3）碎料路面

用各种石片、砖瓦片、卵石等碎料拼成的路面，图案精美，表现内容丰富，主要用于庭园和各种游步小路。

此外，还有由沙石、三合土（石灰、黏土、沙）等组成简易路面，多用于临时性或过渡性路面。

3. 按使用功能划分

（1）主路主干道

联系公园主要出入口、园内各功能分区（景区）主要建筑物和主要广场，成为全园道路系统的骨架，多呈环形布置。其宽度视公园性质和游人容量而定，一般为 3.5m ~ 6.0 m。

（2）次路次干道

为主干道的分支，是贯穿各功能分区、联系重要景点和活动场所的道路。宽度一般为 2.0 ~ 3.5 m。能单向通行轻型机动车辆。

（3）小路（游步道）

各景区内连接各个景点、深入各个角落的游览小道。宽度在 1.5 米左右，考虑 2 人并行。

（4）小径

用于深入细部，做细致观察的小路，多布置在各种专类园中，如花卉专类园。宽度一般为 0.6 ~ 1.0 米，主要考虑单人行走。

二、园路的线形与结构

园路的结构与线形是园路工程设计的主要内容，对维护交通和保证正常使用有直接的关系。

（一）园路的线形

园路的线形包括平面线形与纵断面线形。线形合理与否，直接关系到园林景观组合、园路的交通和排水功能。

1. 平面线形

即园路中心线的水平投影形态。线形种类如下：

（1）直线

在规则式园林绿地中，多采用直线形园路。其线形平直、规则，方便交通。

（2）圆弧曲线

道路转弯或交会时，考虑行驶机动车的要求，弯道部分应取圆弧曲线连接，并具有相应的转弯半径，降低因急转弯可能带来的交通事故。

（3）自由曲线

在以自然式布局为主的园林游步道中多采用此种线形，可随地形、景物的变化而自然弯曲，柔顺流畅和协调。

园路的设计要求如下：

第一，总体规划时确定的园路平面位置应做到主、次分明。在满足交通要求的情况下，道路宽度应趋于下限值，以扩大绿地面积的比例。

第二，行车道路转弯半径在满足机动车最小转弯半径条件下，可根据实际情况灵活布置。

第三，园路的曲折迂回应有目的性。一方面曲折应是为了满足地形地物及功能上的要求，另一方面应避免无艺术性、功能性和目的性的过多弯曲。

平曲线最小半径：当车辆在弯道上行驶时，为了使车体顺利转弯，保证行车安全，要求弯道上部分应为圆弧曲线，该曲线称为平曲线，其半径称为平曲线半径，平曲线最小半径一般不小于 6 米。

当汽车在弯道上行驶时，由于前轮的轮迹较大，后轮的轮迹较小，出现轮迹内移现象，同时，车身所占宽度也较直线行驶时为大，弯道半径越小，这一现象越严重。为了防止后轮驶出路外（掉道），车道内侧（尤其是小半径弯道）需适当加宽，称为曲线加宽。

曲线加宽值与车体长度的平方成正比，与弯道半径成反比。

当弯道中心线平曲线半径 R ＞ 200 m 时可不必加宽。

为使直线路段上的宽度逐渐过渡到弯道上的加宽值，需设置加宽缓和段。

园路的分支和交汇处，应加宽其曲线部分，使其线形圆润、流畅，形成优美的视觉效应。

2. 纵断面线形

即道路中心线在其竖向剖面上的投影形态。它随地形坡度的变化而呈连续的折线。在折线交点处，为使行车平顺，需设置一段竖曲线。

线形种类有两种。

（1）直线

表示路段中坡度均匀一致，坡向和坡度保持不变。

（2）曲线

两条不同坡度的路段相交时，必然存在一个变坡点。为使车辆安全平稳通过变坡点，须用一条圆弧曲线把相邻两个不同坡度线连接，这条曲线因位于竖直面内，故称竖曲线。当圆心位于竖曲线下方时，称凸形竖曲线。当圆心位于竖曲线上方时，则称凹形竖曲线。

设计要求如下。

第一，园路要根据造景的需要，随形就势，一般随地形的起伏而起伏。

第二，在满足造景艺术要求的情况下，尽量利用原地形，以保证路基稳定，减少土方量。行车路段应避免过大的纵坡和过多的折点，使线形平顺。

第三，园路应与相连的广场、建筑物和城市道路在高程上有合理的衔接。

第四，园路应配合组织地面排水，同时注意与地下管线的位置关系。

第五，纵断面控制点应与平面控制点一并考虑，使平、竖曲线尽量错开。

第六，行车道路的竖曲线应满足车辆通行的基本要求，应考虑常见机动车辆外形尺寸对竖曲线半径及会车安全的要求。

纵横向坡度有以下类型。

①纵向坡度：即道路沿其中心线方向的坡度。园路中，行车道的纵坡一般为 0.3% ~ 8%，以保证路面水的排出与行车的安全；游步道，特殊路段应不大于 12%。

②横向坡度：即道路垂直于其中心线方向的坡度。为了方便排水，园路横坡一般在 1% ~ 4%，呈两面坡。不同材料路面的排水能力不同，其所要求的纵横坡度也不同。

③弯道超高：当汽车在弯道上行驶时，产生横向推力即离心力。这种离心力的大小，与行车速度的平方呈正比，与平曲线半径呈反比。为了防止车辆向外侧滑移及倾覆，抵消离心力的作用，就需将路的外侧抬高，即为弯道超高。设置超高的弯道部分（从平曲线起

点至终点）形成了单一向内侧倾斜的横坡，为了便于直线路段的双向横坡与弯道超高部分的单一横坡有平顺。

（二）园路的结构

园路一般由路面、路基和道牙（附属工程）3 部分组成。路面又分为面层、基层、结合层和垫层等。

园路路面的结构形式具有多样性。但其路面结构都比城市道路简单，其典型的路面结构图式如图 5-3 所示。

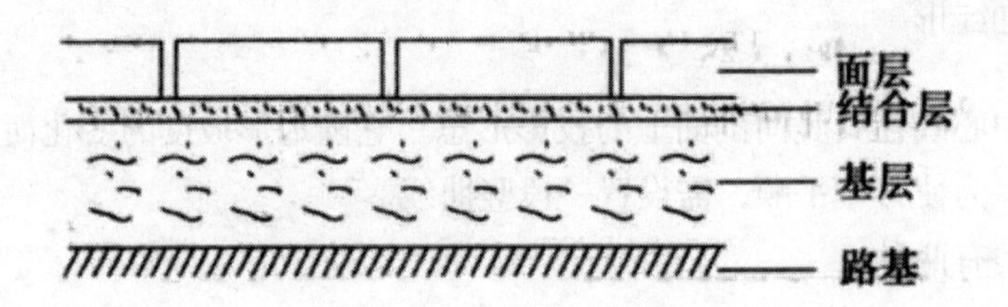

图 5-3 园路结构示意

路面各层的作用和设计要求如下。

l. 面层

是路面最上面的一层。它直接承受人流、车辆和大气因素的作用及破坏性影响。面层要求坚固、平稳、耐磨损、反光小，具有一定的粗糙度和少尘性，便于清扫。

2. 基层

位于面层之下、土基之上，是路面结构中主要承重部分，可增加面层的抵抗能力。能承上启下，将荷载扩散、传递给路基。因此，对材料的要求比面层低，通常采用碎（砾）石，灰土或各种工业废渣作为基层。

3. 结合层

位于面层与基层之间，为了黏结和找平而设置的一层。结合层材料一般采用 3 ~ 5 厘米厚粗砂、水泥、石灰混合砂浆或石灰砂浆。

4. 垫层

在路基排水不良或有冻胀、翻浆的路段上，为了排水、隔温、防冻的需要，用道渣、煤渣、石灰土等水稳定性好的材料作为垫层，设于基层之下。园林中也可用加强基层的办法，而不另设此层。

5. 基

即土基，是路面的基础，它不仅为路面提供一个平整的基面，还承受路面传来的荷载，是保证路面强度和稳定性的重要条件。对一般土壤，开挖后经过夯实，即可作为路基。在严寒地区，严重的过湿冻旅土或湿软土，宜采用 1 ： 9 或 2 ： 8 灰土加固路基，其厚度一般为 15 厘米。

6. 道牙

道牙也称侧石、缘石，一般分两种形式：立道牙和平道牙。

道牙安置在路面两侧，使路面与路肩在高程上起衔接作用，并能保护路面，也便于路面排水。在园林中，道牙的材料多种多样，砖、石、瓦以及混凝土预制块均可。

园林中有些场合也可不设道牙，如作游步道的石板路，以表现自然情趣。此时，边缘石块可稍大些，以求稳固。

园路结构设计的如下。

园路建设投资较大，为节省资金，在园路结构设计时应尽量使用当地材料，并遵循薄面、强基、稳基土的设计原则。

路基强度是影响道路强度的主要因素。当路基不够坚实时，应考虑增加基层或垫层的厚度，可减少造价较高面层的厚度，以达到经济安全的目的。

总之，应充分考虑当地土壤、水文、气候条件，材料供应情况以及使用性质，满足经济、实用、美观的要求。

三、常见园路类型

面层材料及其铺砌形式的不同，形成了不同类型的园路。不同类型的园路因其色彩、质感和纹样的不同，所适应的环境和场合亦不同。为了达到经济、合理和美观的目的，我们必须掌握常见园路的类型，因地制宜、合理选用。

路面设计的综合要求是：满足功能要求有一定的观赏价值；具有装饰性；应有柔和色彩以减少反光；与地形、植物山石配合，注意与环境相协调。

（一）整体路面

指用水泥混凝土或沥青混凝土现场浇筑进行统铺的地面。

1. 水泥混凝土路面

水泥混凝土路面是卵石路用水泥、粗细骨料碎石、卵石、砂等、水按一定的配合比拌匀后现场浇筑的路面。其整体性好，耐压强度高，养护简单，便于清扫。在园林中，多用作主干道。为增加色彩变化也可添加不溶于水的无机矿物颜料。

2. 沥青混凝土路面

沥青混凝土路面是用热沥青、碎石和砂的拌和物现场铺筑的路面。其颜色深，反光小，易于与深色的植被协调，但耐压强度和使用寿命均低于水泥混凝土路面，且夏季沥青有软化现象。在园林中，多用于主干道。

（二）块料路面

块料路面是面层由各种天然或人造块状材料铺成的路面。

1. 砖铺地

目前我国制定标准砖的大小为 240 mm × 115 mm × 53 mm，有青砖和红砖之分。园林铺地多用青砖，风格朴素淡雅，施工简便，可以拼凑成各种图案。砖铺地适于庭院和古建筑物附近。因其耐磨性差，容易吸水，适用于冰冻不严重和排水良好之处；坡度较大和阴湿地段不宜采用，因易生青苔而行走不便。目前已有采用彩色水泥砖铺地，效果较好。

大青方砖规格为 500 mm × 500 mm × 100 mm，平整、庄重、大方，多用于古典庭园。

2. 冰纹路

冰纹路是用边缘挺括的石板模仿冰裂纹样铺砌的路面，多为平缝和凹缝，以凹缝为佳。也可不勾缝，便于草皮长出成冰裂纹嵌草路面。也可在现浇水泥混凝土路面初凝时，模印冰裂纹图案，表面拉毛，效果也较好。冰纹路适用于池畔，山谷、草地、林中之游步。

3. 乱石路

乱石路是用天然块石大小相间铺筑的路面，采用水泥砂浆勾缝，表面粗糙，具粗犷、朴素、自然之感。冰纹路、乱石路也可用彩色水泥勾缝，增加色彩变化。

4. 条石路

条石路是用经过加工的长方体石料铺筑的路面，平整规则，庄重大方，坚固耐久，多用于广场、殿堂和纪念性建筑物周围。

5. 预制水泥混凝土方砖路

预制水泥混凝土方砖路是用预先模制成的水泥混凝土方砖铺砌的路面，形状多变，图案丰富（如各种几何图形、花卉、木纹、仿生图案等）。也可添加无机矿物颜料制成彩色混凝土砖，色彩艳丽。路面平整、坚固、耐久。适用于园林中的广场和规则式路段，也可做成半铺装留缝嵌草路面。

6. 步石、汀步

步石是置于陆地上的天然或人工整形块石，多用于草坪、林间、岸边或庭院等处。汀步是设在水中的步石，可自由地布置在溪涧、滩地和浅池中。块石间距离按游人步距放置（一般净距为 200 ~ 300 毫米）。

步石、汀步块料可大可小，形状不同，高低不等，间距也可灵活变化，路线可直可曲，最宜自然弯曲，轻松、活泼、自然，极富野趣。

7. 台阶与磴道

当道路坡度大时（一般超过 12% 时），需台阶或踏步以满足交通功能。室外台阶一般用砖、石、混凝土筑成，形式可根据环境条件而定。一般每级台阶的踏面、举步高、休息平台间隔及宽度的尺寸要求。台阶也用于建筑物的出入口及有高差变化的广场（如下沉式广场）台阶能增加立面上变化，丰富空间层次，表现出强烈的节奏感。

当台阶路段的坡度超过 70%（坡角 35°，坡值 1 ：1.4）时，台阶两侧需设扶手栏杆，以保证安全。

风景名胜区的爬山游览步道，当路段坡度超过 173%（坡角 60°，坡值 1 ：0.58）时，需在山石上开凿坑穴形成台阶，并于两侧加高栏杆铁索，以利于攀登，确保游人安全，这种特殊台阶即称磴道。磴道可错开成左右台阶，便于游人相互搀扶。

（三）碎料路面

1. 花街铺地

花街铺地是指用碎石、卵石、瓦片、碎瓷等碎料拼成的路面。图案精美丰富，色彩艳丽，风格或圆润细腻或朴素粗犷，具有很好的装饰作用和较高的观赏性，有助于强化园林意境，具有浓厚的民族特色和情调，多见于古典园林中。

2. 卵石路

卵石路是以各色卵石为主嵌成的路面。具有很强的装饰性，能起到增强景区特色、深化意境的作用。这种路面耐磨性好，防滑，富有江南园路的传统特点，但清扫困难，且卵石容易脱落。多用于花间小径、水旁亭榭周围。

3. 雕砖卵石路面

砖卵石路面是雕砖卵石路面又被誉为“石子画”，它是选用精雕的砖、细磨的瓦和经过严格挑选的各色卵石拼凑成的路面。图案内容丰富，如以寓言、故事、盆景、花鸟虫鱼、传统民间图案等为题材进行铺砌加以表现。多见于古典园林中的道路，如故宫御花园甬路，精雕细刻，精美绝伦，不失为我国传统园林艺术的杰作。

四、园路施工

不同类型、不同构造的园路，其施工的方法也不相同。因此，以下重点介绍其施工程序、方法及要点。

（一）放线

按路面设计的中心线，在地面上每隔 20 ~ 50 米钉一中心桩；弯道平曲线上应在曲头、曲中和曲尾各钉一中心桩。园路多呈自由曲线，应加密中心桩。并在各中心桩上标明桩号，再以中心桩为准，根据路面宽度及弯道加宽值定边桩，最后放出路面的平曲线。

（二）挖路槽

按路面的设计宽度，在路基上每侧放出 20 厘米挖槽（放出之 20 厘米用于填筑路肩），路槽深度等于路面各层的厚度，槽底的横坡应与路面设计横坡一致。路槽挖好后，在槽底上洒水湿润，然后夯实。园路一般用蛙式夯夯压 2 ~ 3 遍即可，路槽整平度允许误差不大于 2 厘米。

（三）铺筑基层

根据设计要求准备基层材料并掌握其可松性。对灰土基层，一般实厚为 15 厘米（即一层灰土），其虚铺厚度为 21 ~ 24 厘米。炉灰土虚铺厚度 24 厘米，压实厚度即为 15 厘米。严寒冻胀地区基层厚度可适当增加，分层压实。

（四）结合层的铺筑

当园路采用块料路面时，需设置此层与基层结合。结合层一般用 m^2.5 混合砂浆、M5 水泥砂浆或 1 ： 3 白灰砂浆。砂浆摊铺宽度应大于铺装面 5 ~ 10 厘米，砂浆厚度为 2 ~ 3 厘米，便于结合和找平。也可采用 3 ~ 5 厘米厚的粗砂作为结合层，施工更为方便。

（五）面层的铺筑

块料面层铺筑时应安平放稳，注意保护边角。发现不平时，应重新拿起用砂浆找平。防止中空折断。接缝应平顺正直，遇有图案时应更加仔细。最后用 1 ∶ 10 干水泥砂扫缝，再泼水沉实。

卵石路面一般分预制与现浇两种。现场浇筑方法是：在基层上先铺 M7.5 水泥砂浆 3 厘米厚，再铺水泥素浆 2 厘米厚，待素浆稍凝，即用备好的卵石，一一插入素浆内，用抹子拍平。待水泥凝固后，用清水将石子表面的水泥轻轻刷洗干净。第二天再用浓度 30% 的草酸溶液洗刷石子表面，可使石子颜色清新鲜明。

（六）道牙的安装

有道牙的路面，道牙的基础应与路床同时挖填碾压，以保证密度均匀，具有整体性。弯道处的道牙最好事先预制成弧形。道牙的结合层常用 M5 水泥砂浆 2 厘米厚，应安装平稳牢固。道牙间缝隙为 1 厘米，用 M10 水泥砂浆勾缝。道牙背后路肩用夯实白灰土 10 厘米厚，15 厘米宽保护，亦可用自然土夯实代替。

（七）附属工程

雨水口及排水明沟对先期的雨水口，园路施工（尤其是机具压实或车辆通行）时应注意保护。若有破坏，应及时修筑。一般雨水口进水篦子的上表面低于周围路面 2 ~ 5 厘米。

土质明沟按设计挖好后，应对沟底及边坡适当夯压。

砖（或块石）砌明沟，按设计将沟槽挖好后，充分夯实。通常以 MU7.5 砖（或 80 ~ 100 厚块石）用 m^2.5 水泥砂浆砌筑，砂浆应饱满，表面平整、光洁。

第二节　园林广场

广场是指由建筑物、道路、山水、绿化等围合或限定形成的开阔的公共活动空间。

一、现代城市广场的类型

现代城市广场的发展呈现出多元化形式、多功能复合、多层次空间，并注重地方特色、历史文脉的继承和发扬，塑造出多种多样的广场风格。

（一）按照广场性质分类

1. 市政广场

市政广场是提供广大市民集会、交流与公共信息发布的场所，多修建在市政府和城市行政中心所在地，属于城市核心，周围通常围绕各级政府行政机关、文化体育建筑及公共服务型建筑。广场平面形式规整，多呈几何中轴对称，标志性建筑位于轴线上，形成明显的主从关系。在市政广场，经常汇聚大量的人群，所以应特别注意周边道路交通组织，形成车流、人流的独立系统，并且把握好人流动路线、视线、景观三者的关系。

2. 纪念广场

纪念广场是为了缅怀有历史意义的事件和人物，常在城市中修建主要用于纪念某些人物或某一事件的广场，并可用于城市举行庆典活动和纪念仪式的场所。广场中心或侧面以纪念雕塑、纪念碑、纪念物或纪念性建筑作为标志物。广场平面构图严谨，具有纪念性的标志物往往放置在构图中心。

3. 交通广场

交通广场是起到交通、集散、联系、过渡及停车作用的场所，是城市交通系统的重要组成部分，常见于城市道路的交叉口处或交通转换口处。另外，在街道两侧设置的广场，由于其主要承担人流疏散、过渡的功能，也属于交通广场的一种。这种广场平面形式由周边道路围合而成，广场的铺装面积很大，要注意合理地组织车流、人流、货流，尽量避免交叉；景观处理上要体现地方的“标志性”特点，无论是在城市道路的交叉口还是在车站出口，都是城市印象的重要节点，应设置具有特色的构筑物。

4. 商业广场

商业广场是为人们进行购物、餐饮、休闲娱乐或者商业贸易活动往来而形成的集散广场，主要位于城市商业区，这里人群集中，为了疏散人流和满足建筑的要求而设置广场，以步行环境为主，内外建筑空间相互渗透，商业活动区应相对集中。商业广场中平面形式在建筑和道路的围合下灵活多样，有规则方正的，也有不规则多变的，如上海大拇指广场等。

5. 文化广场

文化广场可代表城市文化传统与风貌，体现城市特殊文化氛围，为市民提供良好的户外活动空间，多位于城市中心、区中心或特殊文化地区。例如，北京西单文化广场、法国戴高乐广场。平面形式多样、空间灵活，地方特色突出。

6. 休闲娱乐广场

休闲娱乐广场是与市民日常生活密切相关的活动广场，提供近距离的休息、锻炼身体、娱乐等，一般设置在居住区、居住小区或街坊内。广场面积相对较小，内设有健身器材、儿童活动场地、老人休息座椅、花坛、树木等。

（二）按照广场发展形态分类

1. 有机型广场

广场发展过程是在与建筑、道路等空间要素相互渗透、融合逐渐形成外部空间，强调尊重事物的客观发展规律，比如中世纪圣基米利亚诺广场。

2. 内生型广场

广场引导建筑的生成，城市设计中城市轴线预先设定后，在城市轴线交点核心处先设计广场的形态，继而围绕广场设置建筑，再用建筑围合构成广场空间。在古罗马时期、文艺复兴时期和古典主义时期，这种形式的广场较多，如罗马圣彼得广场。

3. 外生型广场

广场是建筑建成以后剩余的空间，经过后期配合建筑风格、道路交通等因素的设计而形成的广场。城市改造过程中经常会形成这类广场，如巴黎卢浮宫广场。

（三）按照广场平面形式分类

1. 规则形广场

（1）正方形广场

平面形式为正方形的广场可以获得两条中轴线和两条对角线，形成四个方向，而这四个方向没有哪个能控制整体，形成了明显的无方向性或交点处的向心性。此类广场空间稳定、有利于人的聚集，也特别适用于做展示空间，如巴黎的沃日广场，平面是严整的正方形，边长 140 米，面积 1.96 公顷；围合了三层半高的建筑连续保证了广场的完整性，只有在东南角开口；在广场南侧的国王楼略高于周边建筑，构成广场潜在的中轴线；广场中心放置雕像，具有明显的中心。从这个例子可以看出，正方形广场的方向性受到建筑物的影响，主要建筑所在的轴线往往会形成中轴，广场中心明确，四周很容易受到交通的影响，如有明显的道路穿过会破坏广场的完整性。

（2）矩形广场

平面形式为矩形的广场有两个长边和两个短边，沿长边会形成明显的轴向性；建筑与广场之间可以互相强化空间，如将高耸的建筑（如教堂）放置短边可以加强纵深感、强化中轴效果；对应的面阔型的建筑更适合放在长边，能显得建筑更加开阔、雄伟，如市政厅放置在长边更显庄重、典雅。实际上，天安门广场也有类似的特征。另外，巴黎协和广场拥有完美的比例尺度关系，不仅应用了长短轴的中心设置国王雕像，并引出两个次中心，同时强化长轴方向的主导地位。矩形广场在设计时虽然轴向明显，但不能因为扩大轴向感而无限地增大长轴，当长短轴之比过大时，会形成狭长的空间，从而削弱广场稳定性，形成街道。

（3）圆形和椭圆形广场

平面是圆形的广场，拥有绝对的中心，方向永远指向中心目标，中央适合设置纪念物，能突出主体。它标志着封闭、完美、内向和稳定，非常适合人们的聚集。尤其是广场空间由建筑围合的广场，如中世纪意大利小城卢卡的集市广场。此种广场被建筑围合紧密时，也会产生某种声学混乱；当圆形广场以道路包围时，就会完全变成交通孤岛，缺乏整体性，如巴黎星形广场。

（4）三角形广场

平面是三角形的广场由三条中轴汇聚于一点，也有较强的向心性，但由于三个角比较锋利，视线朝向一个角，透视效果都会改变，拥有较强的动势。在历史上三角形的广场很少，其中巴黎的多菲尔广场则显得严密和完整。

（5）梯形广场

平面是梯形的广场拥有两条平行边和两条斜边，与平行边垂直的方向形成明显的中轴，如果主体建筑放在平行边中较短的一边、入口在较长的一边，会有欢迎之势、显得建筑更加雄伟；反之，建筑在长边、入口在短边，会从视觉上缩短入口与建筑的距离。这在文艺复兴时期的意大利有很多实例，如罗马市政广场、罗马圣彼得广场中西侧的列塔广场。

2. 不规则广场

由于在城市发展过程中，受到各种因素的影响，造成城市广场具有不同形态，有很多广场平面形式自由，如佛罗伦萨西格诺利亚广场、锡耶纳坎坡广场等。

（四）按照广场剖面形式分类

传统的广场在剖面上的地形变化较小，主要是为了满足集聚、展示、庆典等活动的需要，但随着现代生活中越来越尊重人的尺度、心理、场所感等因素，利用剖面的上升、下降分割出多种空间，继而满足各类人群的不同需求，已经成为这个时代的特征。

根据广场剖面的形式分为：平面式广场，即广场基底面平整，竖向高差无变化或少变化，呈水平状态的广场；立体式广场，即广场基底变化较大，既有水平的广场面，又可利用周围低层建筑顶部或中部设置上升广场，还可向下形成安静的下沉广场，如西单文化广场。

西单文化广场基本是一个正方形，由方、圆两种几何要素构成广场。南北向中轴贯穿了圆形地下商场入口、下沉广场、中心圆锥形标志性建筑、叠水、二层平台。中友百货，东西向还有一条较弱的轴线，也跨越了一层平面、下沉广场、中心圆锥形标志性建筑、弧形坡道画廊、台阶、二层平台。广场以正方形的绿块为基底，充满了现代感，广场整体形态、层次丰富；但是四边由道路围合，建筑与广场的联系只在广场北的二层平台以天桥的形式连接了中友百货二层，广场的围合性弱；道路的全面围合也使得西单广场的功能被削弱，人们在广场上的停留有限，除了交通外，休闲、娱乐性差，多数人只会把它作为一种景观标志和必须穿越广场而已。

（五）广场类型复合性

广场的多种分类情况，让人真正认识到广场发展的多样化，甚至如果再从广场的构成要素分类，还可分为建筑广场、雕塑广场、滨水广场、绿化广场等。但无论用何种分类都无法准确地定义某一个广场，如天安门广场即可定义为市政广场，也可列为纪念广场；西单文化广场即可定义为文化广场，也可列为商业广场；巴黎星形广场即可为交通广场，也可列为文化广场。

二、现代城市广场规划设计的基本原则

（一）系统性原则

城市广场是城市公共空间的重要组成部分，它与公园、道路等共同城市中的开敞空间，并被称之为城市的“客厅”，客观地反映了一个城市的精神面貌。因此城市广场的规划设计必须考虑到整个城市的政治、经济、历史文化、空间形态等，系统地进行设计。如上海在城市设计中，将人民广场建设为市政广场，静安寺广场为休闲娱乐性广场，淮海广场和大拇指广场为商业广场等，根据不同地区、不同文化设计主体功能不同的广场，系统地构建城市广场，满足市民的多种需求。

城市设计过程中的广场建设，经常作为城市的标志性空间，然而这种标志性不是孤立存在的，必然要与城市的原有历史文化、空间结构相融合，起到强化城市印象、构成城市系统景观的作用。巴黎的德方斯新区规划中成功地运用系统原则，在德方斯广场上建设大拱门，它是一个边长 106 米、高 110 米的巨型中空立方体，体型是星型广场上凯旋门的 20 倍，两者从形态上形成了“传统”与“现代”的对话。城市道路形成明显的轴线，由西向东分别贯穿标志性建筑：德方斯广场大拱门—凯旋门—卢浮宫，对应构成一系列的广场空间：商业休闲广场—交通广场—市政广场，与南面的埃菲尔铁塔呼应，规划系统完整有序。

（二）完整性原则

传统的城市广场多是由建筑围合形成的开敞空间，现代城市广场则多是以道路围合广场，共同构成开敞空间使得通透性增加，但广场的完整性逐渐丧失。现代广场完整性的表达主要包括功能的完整性、空间的完整性和环境的完整性。

西安的大雁塔广场的规划设计中功能的完整性和环境的完整性都有较好的表现。大雁塔广场是一个集纪念、商业、市民休闲、公园游赏、文化传播等多种功能为一体的综合型广场。广场设计尊重原有环境，整体以盛唐文化、佛教文化、丝路文化为主轴设计；以慈恩寺(大雁塔)为中心，建筑风格统一；以唐风建筑为主体，透过建筑元素与形式的解析，以及现代构造技术与材料的结合，将唐风建筑转化成具现代质感与文化特质的样式。大雁塔广场整体由北广场、慈恩寺（大雁塔）、南广场三部分组成，北广场为该广场的主体，东西宽 218 米，南北长 346 米，建设有亚洲最大的音乐喷泉。

（三）生态原则

生态学是探讨生命系统（包括人类）与环境相互作用规律的科学。生态城市是以现代生态学的科学理论为指导，以生态系统的科学调控为手段建立起来的人类聚集地。城市生态学强调城市区域内的生态平衡和生态循环。建设生态城市是通过人类活动，在城市自然

生态系统基础上改造和营建结构完善、功能明确的城市生态系统。城市开放空间是城市地域内人与环境协调共处的空间，是改善城市结构和功能的空间调节器，也是城市建设体现生态思想、促使城市可持续状态的重要空间载体。应用城市生态学原理在开放空间的重要组成——城市广场的建设，主要是针对广场环境中人类的活动与自然环境中的光、温、风、水、绿的相互协调，以及与社会环境中当地的历史文化、传统风俗之间的互相尊重。

城市广场作为城市开敞空间的重要组成部分，有助于空气流动、舒缓城市节奏等作用，尤其在绿地率逐渐增多的很多现代广场中，其生态效果逐渐增强。但仅仅是绿地率的提高不能等同于其广场生态环境就好，要建设有良好生态效应的广场应充分考虑到自然和社会因素，全面创造宜人的大环境和小环境。

l. 广场自然环境生态原则

不同地域、不同气候环境的广场对人们的体验有显著的差别，广场的设计就要随之应用不同的手法。分析人体室外环境舒适性的自然气候要素主要包括光照、温度、风、湿度、热辐射等。城市广场中活动的人们往往趋向于光照充足却不炙热、温度适宜不高温不寒冷、风速小而平稳忌大风、水分充足却湿度适中的环境。其中，光照与风是起到决定性作用的两个因素。

在大多数时间，户外活动的人都要有直接的阳光照射并避开风吹才感觉舒适。除了最热的暑天，在所有其他的日子里，风大或阴处的公园和广场实际上都无人光顾，而那些阳光充沛又能避风的地方则大受欢迎。

人们户外活动受“风”的影响是不容忽视的，过大的风速会使人不愿停留，尤其在广场的开阔空间中会夸大这种感受。数据表明：风速＜1.78m/s，行人没有明显感觉；风速为 1.78 ～ 3.57 米 / 秒，脸上感到有风吹过；风速为 3.75 ～ 5.81 米 / 秒，风吹动头发、撩起衣服、展开旗帜；风速为 5.81 ～ 8.49 米 / 秒，风扬起灰尘、干土和纸张，吹乱头发；风速为 8.49 ～ 11.62 米 / 秒，身体能够感觉到风的力度；风速为 11.62 ～ 15.20 米 / 秒，撑伞困难、头发被吹直、行人无法走稳。

由上述风速调查，在旧金山市 20 世纪 80 年代的设计中提出：主要供步行的区域内舒适的风速是 4.90m/s，公共休息区域是 3.12 m/s。同时，当广场遇到高层建筑时，又会发生反折风进一步降低环境的舒适性。例如，城市盛行风的方向与街道走向一致，则会由于“狭管效应”，风速加大。

自然环境中除上述“阳光”和“风”对广场环境有很大的影响外，“温度”也起到重要作用。人们经常根据温度的差异，将北方的广场称为寒地城市广场，是指冬季漫长、气候严酷的寒温带和中温带（即最热月的平均气温在 10℃以上，最冷月的平均气温在 0℃以下的地区）的广场。寒地型城市人们的户外活动多为半年，有的甚至要低于半年，所以要比温暖地区的广场要求更多的阳光和避风。瑞典的一项研究表明，在避风和有充足日照的条件下，人的舒适温度底限是 11℃，而在阴影下则是 20℃。

各种适宜的自然环境给广场带来了活动的条件，作为广场要素的“绿地”因自然条件中光照、温度、风、湿度等条件配合，植物的生长将更加茂盛，将净化环境、调节温度、创造良好的小气候等作用发挥得更为突出。广场是一个主要为硬质铺装的、汽车不能进入的户外公共空间，绿化区面积不能超过硬质铺装面积，否则该空间应称之为公园；绿地面积成了广场与公园区分标准，虽然此种定义模糊并具有一定的局限性，却客观地反映了绿地在开放空间中重要的作用。广场的本质在于它的公共性、开敞性，不能用绿地面积与铺装面积的大小来决定。从现代广场的很多例子发现，绿地面积提高却并没有削弱广场的活动，反而有助于人们的停留、休息，如设计手法中“树阵广场”，既提高了绿地率、创造了适宜的环境，又满足了集会、休闲的功能。中关村广场设计中就应用了“银杏”形成广场空间。

2. 广场社会环境生态原则

广场建设过程中的社会环境主要是指本地区的民俗文化、居民的人文素养和精神面貌状态等，对社会起到良好的、积极的引导作用。城市广场上举办的各种展览、民俗庆典表演等有助于本地社会环境生态的建立，如北京天门广场的国庆摆花以每年的重大事件为主体设计的花坛，不仅吸引了大量的游客，也让市民感受欣欣向荣的新气象，增强了民族自豪感。

（四）尺度适配原则

城市广场的尺度在发展中起伏变化，西方古希腊的广场注重尊重人的尺度，广场规模较小；到了古罗马广场为了体现君权加大了广场的规模，注重构图；中世纪的广场形式自由，规模小、形式多样；文艺复兴时期、古典主义时期，专制色彩浓重、广场严格平面形式、注重透视，规模区域宏大。现代的广场形式更加丰富多彩，在城市中出现了小规模、广分布的现象，提供了更广泛的市民需求；与此同时，在我国某些地区也出现了很多以“人民广场”为题，具有强烈政治展示功能的、超大规模的、不符合人的尺度的广场，出现了大量空旷无人的广场，夏季的炎热和冬季的寒冷在这原本开放的空间被夸大。对比国内外广场的规模可以看出，西欧各国家的广场面积多在 5 公顷以下，而我国部分广场面积要超过 10 公顷，空间感被削弱，人的活动显得无力。根据历史进程中城市广场的规模，有些学者认为广场用地一般都应在 5 公顷以下，规模适当，尺度宜人。

以城市的角度看广场，广场的功能、形式、数量、规模等要有一个综合的定位，其中广场的规模要与其服务的人群数量相对应。很多学者应用城市人口来确定广场规模，常用的标准为：城市广场用地的总规模按城市人口人均 0.07 ~ 0.62 m^2 进行控制；单个广场的用地规模按市级 2 ~ 15 公顷、区级 1.5 ~ 10 公顷控制。

从理论上讲，单个广场的规模和尺度应结合围合广场的建筑物尺度、形体、功能以及结合人的尺度来考虑。广场过大有排斥感、广场过小有压抑感，尺度要适中。据专家研究，人的视觉所能看清的最大距离为 1 200 米，广场空间的控制性尺度不宜超过这一数值，避免空旷感，最好是小于建筑高度的两倍；最小尺度不宜小于周边建筑物的高度，避免压抑感。除绿化休闲广场外，城市广场最佳视点距离应小于 300 m（可理解为广场规模控制在 9 公顷），可以产生均衡，空间感较好；绿化休闲广场可控制在 600 米以内，广场愈开阔愈好。为使活动保持集中，广场尺度要小些。一个大约 14m × 18m 的广场可以使公众生活的正常节奏保持稳定。

从广场内部空间的设计来看，可以有主空间、亚空间的分类。日本芦原义信提出外部空间设计中采用 20 ~ 25 米的模数，他认为："关于外部空间，实际走走看就清楚，每 20 ~ 25 米，或是又重复节奏，或是材质的变化，或是地面高差有变化，那么即使在大空间也会打破其单调"。很多调查也表明 20 米左右是一个舒适的人性尺度。规模超大不符合需求的广场，通过小尺度的改造也会获得宜人的效果。

（五）人本原则

城市文明的发展使得人们越来越尊重环境、生命等客观事物，以及尊重他人和自我尊重。"以人为本"的设计原则是人类探索生命价值的集中表现。以人为主体感受一个聚居地是否适宜，主要是指公共空间和当时的城市机理是否与其居民的行为习惯相符，即是否与市民在行为空间和行为轨迹中的活动和形式相符，即应用行为心理学为依据，进行广场设计实践。

人在广场上的行为归纳为四个层次的需求。

1. 生理需求

即最基本的需求，要求广场舒适、方便。人在空间中向往自然的需求是无法改变的，城市中密集的人口，使得人们心里渴望更多的蓝天、绿树，甚至自然界中的各种动物，所以现代广场设计已不再固守传统的完全大量的硬质空间，而出现了大量的"公园式广场另外，广场中设置舒适、多样、大量的座椅是非常重要的，研究表明，一个广场的利用率与广场座椅的数量多少成正比。

2. 安全需求

要求广场能为自身的"个体领域"提供防卫的心理保证，防止外界对身体、精神等的潜在威胁，使人的行为不受周围的影响而保证个人行动的自由，这也是人们在选择座椅时常会选择后背有所依靠的座位。其心理的安全需求主要表现为"个人空间""领域性""私密性"。

3. 交往需求

交往需求是人作为社会中一员的基本需求，也是社会生活的组成部分。每个人都有与他人交往的愿望，如在困难时希望能在与人交往中得到帮助，在孤独、悲痛时希望能与人在交往中得到安慰与分担，在快乐时希望能在交往中与人分享。每个人的选择都有可能不同，不能想当然，一定要认真地调查研究；公共空间需要多种设施，从而满足不同的需求；人们的社会属性决定了交往需求的必要性。

4. 实现自我价值的需求

人们在公共场合中，总希望能引人注目，引起他人的重视与尊重，甚至产生想表现自己的即时创造欲望，这是人的一种高级精神要求。

城市广场中存在“人看人”和“边界效应”现象。所谓“人看人”是指广场中流动人群成为一种景观，纳入休闲者的广场活动内容；“边界效应”是指森林、海滩、树丛、林中空地等的边缘都是人们喜爱逗留的区域，开敞的旷野或滩涂则无人光顾，边界线越是曲折变化多，作用就越是明显。

（六）多样性原则

现代广场的发展趋向于多元化，展现出一种全方位的多样性。在设计中经常会涉及的有空间层次、植物造景、审美标准三方面的多样性。

广场分类中，从剖面的形势将其分为平面型和立体型（上升型和下沉型）广场，从而将规模较大的广场进行分割，创建宜人的尺度和多层次的景观。北京西单文化广场的三层广场空间、重庆人民广场下沉剧场、上海静安寺希腊式露天剧场等都应用了立体式设计。

广场立体空间的多样性也促进了植物造景的多样化。早期广场设计中多是不应用植物元素的，以集聚为中心功能的广场硬质空间占据了所有的空间。随着人们对生态环境的重视、对自然的需求本性、对景观丰富度的提升等情况，植物在广场中的应用日趋广泛。从植物类型上，设计应用包括草坪、花境、灌木丛、疏林草地、密林等；从配置形式上，设计有散点式、行列式、密集式等。丰富的植物创造了广场中多样的小空间，能充分地满足人们休闲的需求。

另外，广场的多元化还表现在人们审美标准的多样性和多变性。审美形态分为崇高、优美、荒诞、悲剧、滑稽等几个类型。所谓“崇高”，美学家康德（Immanuel Kant，德国）对“崇高”进行了深入的研究，认为崇高对象的特征是无形式，即对象形式无规律、无限制，具体表现为体积和数量无限大（数量的崇高），以及力量的无比强大（力的崇高）。在广场的表达中可以看出，市政广场多为这一类型，如天安门广场、罗马圣彼得广场。所谓“优美”，综合各国文化对优美的共同理解，发现完整与和谐是优美的基本表现。威尼斯圣马可广场以其悠远的海上意境、变幻的复合空间、精美的广场建筑群和标志性钟塔，被后人誉为欧洲中世纪最美的城市客厅。所谓“荒诞”，现代城市广场中也有一些广场为了刺激视觉、引起注意或有特殊的纪念意义，而建成的怪异的、离奇的空间。

（七）文化原则

世界各国经过几千年历史的发展与变革，都形成了有异于别国的文化，甚至在同一国家也会在不同地域有不同的风俗传统。城市广场的建设是立足于本地文化的、体现地区特色、服务于本地居民的空间，广场的设计就应易于市民接受，并可以引起共鸣、为此自豪或感到舒适、有归属感。

南阳卧龙文化广场是国家一级文物保护单位，广场设计采用“三国地图”，“南阳”位于核心，设立一华表立柱，其上摹刻《前出师表》；还利用河流“黄河”和“长江”做成“曲水流觞”和“人海口”处的音乐喷泉、南阳西峡恐龙蛋昭示“龙的故乡”“诸葛亮为卧龙”——取“卧虎藏龙”之意等，充分体现本地深厚的文化底蕴。此外，西安的大雁塔广场采用了唐文化；广东新会市冈州广场营造的是侨乡建筑文化。

（八）特色性原则

城市广场的地方特色既包括自然特色也包括其社会特色。

自然特色是指不同的自然环境形成设计的基底，如寒地广场的“冰雪”特色、滨水城市的“水”特色或各地区的“地方性植物”特色等，都将塑造城市广场独特的景观；又如济南泉城广场以齐鲁文化为背景，体现的是“山、泉、湖、河”的泉城特色。

社会特色主要是指地方社会特色，即人文特性和历史特性，具体设计应用时可包括地域性特色和时代性特色。法国卢浮宫广场鲜明的历史与现代对比协调特色，令人震惊。它位于2.57公顷的拿破仑庭院中，长227米、宽113米。卢浮宫的建设先后经历近600年，跨越了中世纪到近现代的漫长路程，成为由不同建筑风格组成的艺术精品。20世纪80年代贝聿铭进行卢浮宫的改扩建设计，他在广场中间设计了金字塔形、透明玻璃的构筑物，实体上形成了与传统建筑的极大反差；但从精神角度来看，既尊重了历史文化，又充分表达了新建筑的时代特征。从与城市融合的角度设计，卢浮宫广场向西自然融合了一个U形的广场，沿轴线有节奏的出现玻璃金字塔、交通转盘、小凯旋门，形成了城市的轴线。

三、城市广场空间设计

城市广场空间设计是其总体设计的核心内容。功能主义认为城市广场的存在是为了满足城市生活需要而形成的具有展示功能、集散功能、交通功能、休闲功能的空间；从美学角度，城市广场作为“城市的客厅”一定要有相当的审美标准；从生态学角度，城市广场肩负着开放空间促进空气流通、增加绿色生态等任务；从人类行为角度，要满足城市居民的多种行为需求、各类空间需求等；多重需求使得城市广场的品质较难定论，通过很多学者对人类活动和一系列的广场研究，提出共同的空间标准：良好的空间围合性和方向性能够让人获得良好的感受。

（一）广场的规模

在尺度适配原则中已详尽地描述了广场规模尺度的标准，可以总结如下。

第一，城市广场用地的总规模按城市人口人均0.07 ~ 0.62平方米进行控制；单个广场的用地规模按市级 2 ~ 15 公顷、区级 1.5 ~ 10 公顷控制。

第二，广场最大距离 1 200 米。

第三，最佳视点距离应小于 300 米，休闲广场的广场规模控制在 9 公顷。

第四，最小尺度不宜小于周边建筑物的高度，避免压抑感。

第五，居住区周边广场 14 米 ×18 米，可以使公众生活的正常节奏保持稳定。

第六，广场内部空间 20 米左右要有所变化，保证空间丰富、多样、有趣等。

（二）广场的空间形态

城市广场从空间形态上根据基面（广场底面）的变化，分为平面广场、立体广场；立体广场常有上升广场、下沉广场两种表达，从而获得不同的空间感受。平面广场舒展、开阔，有扩大空间的效果；上升广场空间高、视野开阔、利于形成纪念空间；下沉广场空间围合性好，形成独立、安逸、休闲的场所。

广场的平面形式有规则、不规则两种。正方形、矩形、圆形、椭圆形、梯形、三角形广场都属于规则型广场。不规则的形式则多种多样，常因周边建筑、道路等要素已确定遗留下的不规则空间。

规则型广场空间比较容易形成稳定的构图、明确的平面归属感，人们容易了解掌控，如苏州工业园区世纪广场有规则的方形和椭圆图形组成，但此类型广场会让人觉得单调乏味。

不规则形广场空间灵活性较大，可由多种图形共同组成广场群，常给人以不同的感受，比较容易引起人们的兴趣，如北海市北部湾广场；但过于夸张的形式变化也会引起焦躁不安的情绪。

无论是规则形还是不规则型，在现代城市广场中出现了“直线”与“曲线”形态的表达。研究表明由直线构成的规则型广场缺乏亲人的感受；曲线的变化更容易令以休闲为主的人群接受，给人一种自由随意、轻松愉快的感受。

从广场的立面形式上来看，组合则是多种多样的空间，多数的立体广场既包含上升广场，又包括下沉广场。从表面平面广场的基础上，还可以附加中心下沉广场、周边下沉广场、中心上升广场、周边上升广场和复合型立体广场。如北京西单文化广场则属于复合型立体广场，包括中心下沉广场、平面广场、周边上升广场三大部分。

（三）广场的空间围合与开口

良好的空间围合可提高空间的品质，在广场空间的营造中利用道路、建筑和植物等都能够构成围合空间。与广场空间的围合相对应的是开口，广场的开口越少则围合性越好，反之则会缺少良好的围合。

1. 广场与道路

传统的城市广场是以建筑围合为主，少有道路直接包围、穿过广场，即便有道路通过，也常以骑楼式建筑保护空间的完整性。现代广场则由于现代交通的需要，广场被道路分割、围合，甚至出现了专门的交通广场。

当道路围合广场（道路指向广场），广场的围合会大于或等于开口，空间基本稳定，此种情况广场一定要注意设计上层和下层交通，即要设计天桥和地下通道，保证人流交通顺畅、舒适。当道路穿越广场，广场的围合小于开口，空间不稳定，此时广场只能做交通广场或暂时的停留空间，更应该注意交通组织，保证人流安全，不适合作为人流聚集场所。当广场位于道路一侧，此时广场空间最为稳定，与建筑的关系更稳密切，围合性较好，人们进行聚会、休闲等活动能获得舒适无干扰的空间。

2. 广场与建筑

广场的空间构成最主要的要素就是建筑。建筑所在的位置、建筑的高度、建筑到广场中心的距离等都要仔细考虑，才能够获得围合性和方向性好、空间品质优秀的广场。

建筑所在的位置可以成为广场的主体，控制广场；可以形成广场主体雕塑的背景，强化主题；可以居中帮助空间创建方向性；可以围合形成空间基底；可以介入成为主体，分割空间；可以纵深强化轴线，引人探究；可以在建筑前加长廊退隐，形成黑白灰明确的三层空间；建筑创造的空间形式丰富多样、特色各异。

建筑的高度和观赏的距离还可以用观赏角度来表达，研究表明：建筑的高度与广场的空间关系密切，当建筑实体的高度（H）：观赏距离（D）在1：（2～3）时，视点的垂直角度为18°～20°是最好的观赏实体角度，高于或低于这个范围，人们的感受就变得复杂多样了。

3. 广场与绿化

城市广场的设计中，植物也是塑造空间的要素。现代城市广场边界由于道路带来的干扰，完全可以用植物来缓解、阻挡。

从宏观角度来研究，绿化植物所形成的空间可以分为两种：其一，植物周边围合，形成基本完整的广场空间；其二，植物局部围合，形成良好的亲人空间。

从微观的角度来看，所指的具有围合作用的植物多是应用了乔木、灌木，很少用单纯的草坪或花坛。不同植物的组合则可以达到更好的效果，乔木草坪形成的疏林草地围合，既可以消除交通噪声，又有良好的通透性；乔灌草组合，则可以完全隔断与外界的联系，空间安静、私密。如苏州金鸡湖广场中用灌木围合小尺度空间，利于人们不同的休闲需求，既可以观赏周围景观，又可以不受干扰。

4. 广场的空间方向性

广场空间如果缺乏围合性，就应该增强其方向性，使广场空间有归属感。广场的方向性主要是指广场所具有的向心性和轴向性。具体的设计手法有两种：其一，应用正方形、圆形、椭圆形、三角形等具有明显向心性的广场平面形式，或者应用矩形、梯形等具有轴向性的广场平面形式；其二，应用具有意义的标志物，即应用建筑、雕塑小品、铺装、水体等要素以体量、色彩、造型等形成空间的三维中心，从而主导方向。在复合型广场中，每个亚空间都有可能有自己的三维中心。

标志物所形成的三维中心位置是多样的，主要可以分为如下几种。

（1）中心标志物

位于广场的中心，可应用建筑、雕塑小品、水体等要素，也可将各要素组合成一体，有庄严、肃穆之感，如以商业楼为中心的榕城广场。

（2）中轴标志物

位于广场轴线上，素组合形成序列，引导轴线，强化中轴。

（3）偏心标志物

偏离广场中心，可应用建筑、雕塑小品、水体、灯、标示牌等要素，形式活泼多样。如剑桥屋顶广场上白色建筑小品的设计，使空间形成轻松舒适的休闲环境。

（4）底面标志物

在广场平面上应用各种铺装图案强化向心性，或应用标志图案强调主题。如日本筑波科学城中心广场应用椭圆图形配合下沉广场形成广场的三维中心，北京东升可应用建筑、雕塑小品、水体等要素，也可将各要素如江阴市政广场的亚空间中心雕塑与水体的结合设大厦前广场地面铺装标志，如大连百年纪念广场地雕。

四、城市广场绿地规划设计

城市广场发展从早期开阔的空地，到包括建筑物、道路、山水、绿地等要素组成的开阔的公共活动空间，广场的内涵在不断地丰富。其中，绿地要素是在城市生态环境的逐渐恶化过程中被城市建设者作为解救城市环境的关键而备受重视的。城市广场中绿地所占比例增加的趋势明显，形成了很多公园式广场（绿地率占广场面积的 50% 以上），使得广场绿地规划设计和公园绿地规划设计的相通之处越来越多，然而由于其特定的功能和服务项目，广场绿地规划设计还有着自身的设计要求。

（一）城市广场绿地设计原则

城市广场绿地设计需要明确绿地在广场中所发挥的重要作用。首先，绿地发挥着生活必需品的作用，它是工作在广场周围混凝土空间中人们的自然、氧气补给室。其次，绿地是帮助划分广场空间、满足人行为需求的生态分隔材料。最后，绿地的所贡献的氧气、湿度、温度等生态元素，帮助改善着周围的环境。其中，前两项是广场绿地的核心作用，后一项则是起辅助作用，它在公园绿地设计中的作用则更为显著些。设计原则要以充分发挥绿地的作用为目标，在城市广场设计的总原则基础上总结如下。

1. 和谐统一原则

广场绿地布局应与城市广场总体布局统一，成为广场的有机组成。

2. 优势配合原则

绿地的功能与广场内各功能区相配合，加强该区功能的发挥。如在设计有微地形的场地上种植不同的植物类型，高度空间感受不同，阴坡、阳坡适合不同的植物生长，可增加植物的多样性；在休闲活动区，尤其是在设置有座椅等休息设施的地方，选用以落叶乔木为主，冬季的阳光、夏季的遮阳有助于户外活动的开展。

3. 多元空间原则

不同的绿地组合形式可以帮助组成不同的空间，较典型的是：广场周围种植乔灌草复合结构，可以帮助更好地隔离广场周围的喧嚣，创造安静、围合的空间；周围种植疏林草地则可以部分地阻挡噪声，在乔木树干部空间虚隔周围环境等。

4. 突出特色原则

在城市绿地中植物的选择应多为乡土树种，提炼出抗性和耐性强、树姿优美、色彩艳丽的树种，应用于城市建设中。广场绿地树种的选择也应有此原则，但广场多位于城市的中心区或区中心等焦点地区，要求有更强的展示性，除了乡土树种的应用外，还要注意多种姿态优美的园林树种的配合应用。

5. 生态发挥原则

城市广场是城市公共空间的重要组成，除了作为“城市的客厅”外，还承担着帮助空气流通、创造良好小气候的功能。

6. 保护优先原则

对广场原址上的树木尽量保留，尤其是大树、古树，它们将成为广场空间的重要组成，表达着对自然、人文、历史的尊重。

（二）城市广场绿地种植设计形式

城市广场绿地的植物搭配多种多样，种植形式综合为规则式和自然式。

规则式主要是指将植物整行、整列或按照几何图形均匀种植在土地或是花坛、花盆中，可以是同一树种，也可以应用多种植物进行种植，如广场中常用的树阵广场植物配置。

自然式主要包括两种种植情况，其一是将植物按照自然生态形式进行模拟自然种植；其二是以景观美学为标准，进行树木造境的配置。

通常在广场的绿地规划设计中，规则式和自然式的设计形式经常配合应用，常用的设计手法如下。

第一，以自然式的种植包围广场、以规则式的种植配合广场中心、道路边缘等。

第二，以规则式的植物种植配合草坪包围广场，以自然式种植加以点缀。

第三，单独应用规则式或自然式植物种植。

（三）城市广场树种选择原则

城市广场中绿色植物的生命力给广场增添了无限生机，也成为广场设计、养护中重要的环节，植物的生长要注意场所的土壤、光照、温度、空气等自然条件，植物的选择与环境的配合非常重要。

广场环境中，土壤常因被碾压造成了结构破坏或者土壤中掺杂了很多的建筑垃圾；空气中掺杂了烟尘、汽车尾气等有害气体，其中包括二氧化硫、一氧化碳、氟化氢、氯气、氮气、氧化物、光化学气体、烟尘、粉尘等，植物要有较强抗性和较好的吸附能力；光照条件在高大建筑的围合下不利于植物的生长等。考虑到诸多的不利条件，植物选择是要应用生长健壮、无病虫害并抗病害、无机械损伤、冠幅大、枝叶密、耐旱、耐瘠薄、耐修剪、具有深根性、少落果和飞毛、发芽早、落叶晚、寿命长的植物；同时设计时还要注意一些有害的植物。

第六章　园林树木栽培与修理

第一节　园林树木生长发育与环境

园林植物的生态环境就是对园林植物生长发育产生影响的因子总和。适宜的环境是园林植物生长发育的必要条件。环境因子包括气候条件、土壤条件、地形地势、生物因子和人为因子等。

一、气候条件

气候因子包括温度、光照、水分、空气、风等，它们是影响园林植物生长发育的主要生态因子。

（一）温度

l. 园林树市对温度的要求

（1）温度对园林树木生长影响——基点现象

温度是园林树木生长发育重要的环境条件。不同园林树木对温度都有一定的要求，即最低温度、最适温度和最高温度，称为温度三基点现象。一般植物在 5 ~ 35℃范围内都能生长，在此温度范围内，随着温度的升高生长加速，超过 40℃，生长速度下降，

园林树木由于原产地不同，对温度的要求范围也不同。原产热带植物，生长要求的温度较高，18℃才开始生长，能适应较高的温度；原产温带的植物，生长要求的温度较低，6 ~ 10℃就开始生长，不适应高温；原产亚热带的植物，生长要求的温度介于二者之间，一般在 15 ~ 16℃开始生长。多数植物生长适宜温度为 10 ~ 25℃。高山植物最适温度为 10 ~ 15℃；温带植物最适温度 20 ~ 30℃；热带植物最适温度是 30 ~ 40℃。园林树木生长最快的温度称为生长最适温度，而把稍低于生长最适温度的温度称为协调最适温度。在协调最适温度下，植物生长较最适温度稍慢，但生长健壮。在生长最适温度下，物质消耗多，植物生长虽快但不健壮。因此，在园林树木育苗时为培育壮苗，应将温度控制在协调最适温度范围。

（2）温度对园林树木生长的影响——“温周期”现象

温度对植物生长的影响还表现为“温周期”现象，即季节性的变化及昼夜的变化。

①温度的年周期变化

我国大部分地区属于温带，春、夏、秋、冬四季分明，一般春、秋季气温在10～22℃，夏季平均气温在25℃，冬季平均气温为0～10℃。对原产温带地区的植物，一般表现为春季发芽，夏季生长旺盛，秋季生长缓慢，冬季进入休眠。

②气温日较差

一天之中最高气温约出现在13～14时，最低气温出现在日出前后，二者之差称为气温日较差。

气温日较差影响着园林树木的生长发育。白天气温高，有利于树木进行光合作用以及制造有机物；夜间气温低，可减少呼吸消耗，使有机物质的积累加快。因此，气温日较差大则有利于树木的生长发育，使有机物质的积累加快。为使树木生长迅速，白天温度应在植物光合作用最佳温度范围内。但不同植物适宜的昼夜温差范围不同。通常热带树种昼夜温差范围应为3～6℃，温带树种为5～7℃，而沙漠树种则要相差10℃以上。

（3）不同器官或不同生育期对温度的要求不同

园林树木不同器官或不同生育期对温度的要求不同，一般根系生长的温度要比地上部分低，如小麦的茎叶在3℃以上开始生长，而根系在2℃时就可生长。苗期温度低、湿度大时，生长慢且易受微生物侵害，发生烂根。因此苗期应避免灌水，防止地温降低，勤中耕提高地温。

2. 温度影响园林树木的分布

温度影响着树木生存。各种树木在系统发育的过程中，形成了各自的遗传特性、生理代谢类型和对温度的适应范围，因而形成了以温度为主导因子的树木自然分布地带。在温度因子中，限制树木分布的主要是年平均温度、生长期积温和冬季低温。其中，年均温、生长期积温是限制树木能否正常生长的因子，冬季低温是树木分布北限的决定因子，因此，在园林树木引种时要综合考虑以上因素。

一般我国园林树木从南向北分布顺序为：热带雨林、季雨林—亚热带常绿阔叶林—暖温带落叶阔叶林—温带针阔混交林—寒温带针叶林。

山地条件下，随着海拔高度的升高，温度降低，海拔每升高100米，温度降低0.5～0.61℃。海拔高度不同，园林树木的分布也不同。

3. 低温与高温对园林树木的危害

（1）低温对园林树木的伤害

温度过低，极端低温和突然降温会影响园林树木的生长发育，造成霜冻、冻害和抽条危害。而树木受害程度与降温时间、降温的幅度、低温持续的时间有关系。园林生产中要及时采取养护措施，防止或减轻低温对园林树木的危害。

（2）高温对园林树木的伤害

高温对植物的伤害称为热害。高温引起树木蒸腾作用加强、水分平衡失调，轻者发生萎蔫、灼伤，甚至干枯。如夏季高温≥35℃，会影响园林树木光合作用和呼吸作用。一般树木光合作用最适温度20～30℃，呼吸作用最适温度30～40℃。高温使树木光合作用下降而呼吸作用增强，同化物积累减少，不利于植物的生长发育。因此，会造成北方树种或高寒树种在南方生长不良，存活困难，如杨树、桃、苹果等引种到华南会造成生长不良，不能正常开花结实。

（二）光照

光是植物生长的必要条件，植物在有光的条件下才能进行光合作用，制造有机物。光对植物生长发育的影响，主要表现在光照强度、光照时间和光质三个方面。光照充足，植物生长发育健壮，光照不良，植物矮小，生长发育差，观赏价值低。

1. 光照强度

光照强度是单位面积上所接受的可见光的能量，一般用勒克斯表示。光照强度随着纬度的增加而减弱，随着海拔的升高而增强。一年中以夏季光照最强，冬季最弱；一天中以中午光照最强，早晚最弱。叶片在光照强度为3000—5000勒克斯时开始光合作用，但一般植物在光强为1800—2000勒克斯下生长。

一般光合作用随着光照强度的增加而增强，但当光照强度达到一定程度后，光照强度再增大，光合作用不再随之增强，这时的光照强度称为光的饱和点。在达到光饱和点后，光照强度继续增大，有些植物的光合作用反而会下降。原因在于强光会引起光合色素和某些酶的钝化，强光导致气孔关闭。

根据园林树木对光照强度的需要，将其分为阳性树种、耐阴树种和中间类型三类。

（1）阳性树种

需光量为全日照的70%以上，光饱和点高，不能忍受任何遮阴。植株枝杆稀疏，生长较快，自然整枝良好，树体寿命短冷，如桦木、松树、杨树、月季、扶桑、悬铃木、菊花、荷花、茉莉花等。

（2）阴性树种

在全日照的1/10左右时，就能进行光合作用，光照过强时，反而会导致光合作用减弱。能耐阴，植株枝叶浓密，叶色较深，生长较慢，自然整枝不良，树体寿命长，如茶花、杜鹃、兰花、八角金盘、珊瑚树等。

（3）中性树种

在遮阳和全日照下都能进行光合作用，比较喜光，又稍耐阴，绝大多数的园林树木属于这一类，如天门冬、含笑、苏铁等。

2. 光照时间

光照延续时间因纬度而不同，呈周期性变化。把树木对昼夜长短的日变化与季节长短的年变化的反应称为光周期现象，光周期对树木的影响主要表现在诱导开花和休眠。根据植物开花对日照时间长短的要求将树木分为：长日照植物、短日照植物和日中性植物三类。

（1）长日照植物

长日照植物是指在生长的某阶段内，在 24 小时的昼夜周期中，日照长度需要长于一定的时数才能成花的植物。对这些树木来说，延长光照可促进或提早开花，反之则推迟开花或不能成花。多数生长于温带、寒带的高纬度地区的植物，花期在初夏前后，如桂花、木槿、山茶、唐菖蒲、倒挂金钟、紫罗兰等。

（2）短日照植物

短日照植物是指在 24 小时的昼夜周期中，日照长度短于一定时数才能开花的植物。对这些植物延长黑暗或缩短光照可促进或提早开花，反之则推迟开花或不能成花。这类植物多数原产热带、亚热带低纬度地区，其花期在春季或秋季，如蜡梅、紫苏、菊花、一品红、秋海棠、蟹爪兰等。

（3）日中性植物

这类植物的成花对日照时数没有严格要求，只要其他条件合适，任何日照时数都能开花。在一年中花期很长，除高温和低温时期外，都能开花，如凤仙、栀子、扶桑、香石竹、月季、仙客来、黄瓜等。

园林生产中可通过控制日照时间长短来调节花期，从而满足节日观赏的需要。

3. 光质

光质即光的组成，指具有不同波长的太阳光谱成分。据测定，太阳光的波长在 300 ~ 4000 纳米，其中可见光的波长为 380 ~ 760 纳米，占太阳辐射的 52%，不可见光红外线占 43%，紫外线占 5%。在太阳辐射中，具有生理活性的波段为光合有效辐射，以 600 ~ 700 纳米的橙、红光具有最大的生理活性，蓝光次之，吸收绿光最少。

红、橙光有利于树木碳水化合物的合成，加速长日照植物的生长发育，推迟短日照植物的发育。蓝紫光能加速短日照植物的发育，延退长日照植物的发育，有利于蛋白质的合成。紫外线可抑制茎伸长，促进花青素的形成，高山植物因高山紫外线含量高而生长量小，植株矮小。

植物光合作用吸收利用最多的是红、橙光，其次是黄光、蓝紫光，绿光吸收最少。在太阳直射光中，红光、黄光只有 37%，散射光中红、黄光占 50% ~ 60%。因此，对耐阴植物和林下植物来说，散射光效果大于直射光。高山植物及热带植物色彩艳丽与紫外线含量高有关。

（三）水分

水分是影响园林树木生长的重要因子。水是植物主要的组成成分，植物体一般含有60% ~ 80% 的水分。植物体的一切生命活动都需要有水分参加，水是光合作用的原料，水解作用需要水分参与反应。水分使树木保持膨胀状态，使一些器官保持一定的形状和活跃功能，植物通过蒸腾作用调节体温。植物失水过多，会发生萎蔫，甚至死亡。

1. 水分对园林植物的影响

降水是大多数植物需求水分的主要供给方式，一年中降水的多少、降水的季节和区域分布，以及降水的强度，降水持续的时间等，都会对园林植物的生长发育产生影响。水分对植物的影响表现在以下方面。

种子萌发需要较多的水分。只有水分充足，种子才能吸胀，促进种皮软化，使种子呼吸作用加强、酶活性加强，营养物质迅速分解转化，促进种子萌发形成幼苗。

春季水分供应充分，植物枝梢、根系生长旺盛，生长快；相反，若水分供应不良，枝梢生长慢，生长量小，树体生长不良，叶色变淡，影响树木的观赏性。

水分对开花结实有一定影响，开花结实期水分过多，生长过旺，不利于坐果；水分过少，会造成落花落果，最终影响开花结实，使观花观果树木的观赏价值降低。

了解水分对园林树木的影响，以便在园林栽培养护中，适时灌水，促进园林树木的生长发育，增强其观赏性，

2. 园林树市对水分的需求和适应

园林植物对水分的需求随植物种类、发育期、生长状况及环境条件而异。一般针叶树小于阔叶树，处于休眠期的树木小于正在生长的树木。一天中，树木对水分的需要量是白天大于夜晚；晴朗多风的天气多于无风的阴天。

植物在长期的生长发育中，对环境中水分条件有了一定的适应，形成了一定的遗传特性。根据园林植物对水分的适应，将其分为旱生植物、中生植物、湿生植物和水生植物四类。

（1）旱生植物

在干旱环境中能长期忍受干旱而生长发育正常的植物。这类植物多见于雨量稀少的荒漠地区和干燥的低草原上及城市的屋顶、墙头和危崖陡壁上。根据其形态和适应性可分为少浆植物或硬叶旱生植物（沙拐枣、针茅、骆驼刺和卷柏等）、多浆植物或肉质植物（仙人掌科、景天科、百合科及龙舌兰科植物）、冷生植物和干矮植物。

（2）中生植物

大多数植物属于这一类型，它们不能忍受过干和过湿的条件，如油松、侧柏、酸枣、

桑树、旱柳、紫穗槐等。

（3）湿生植物

需要生长在潮湿环境中的，在干燥或中生环境下生长不良或死亡的植物，如阳生湿生植物（鸢尾、半边莲、落羽杉、水松等）、阴性湿生植物（蕨类、海芋、秋海棠等）。

（4）水生植物

生长在水中的植物，如挺水植物（芦苇、香蒲、菖蒲、千屈菜和水葱等）、浮水植物（王莲、睡莲、凤眼莲、浮萍、满江红等）和沉水植物（金鱼藻、苦草）。

3. 园林植物的花期与水分调控

在园林生产实践中，利用水分等环境因子的调控可促进园林树木的花芽分化和开化。春末控制灌水，适度干旱，可抑制生长，促进花芽分化和开花。如对玉兰、丁香、紫荆、垂丝海棠等春季通过养护，使其生长健壮，枝梢及早停止生长，组织充实，花前 20 天时适度干旱处理，再适量灌水，及时开花。

4. 园林植物与城市水分

园林植物可以阻截降水，涵养水源，并通过蒸腾作用调节大气湿度和温度，影响城市小气候，净化空气。

（四）空气

1. 空气的成分

空气是由多种成分组成的混合物，干燥的空气成分中，氮约占 78.09%，氧占 20.95%，二氧化碳占 0.032%，其他气体占 0.94%。在这些成分中，二氧化碳与植物关系最为密切，它是植物光合作用的主要原料。氧气是植物呼吸作用的主要原料。

大气污染物是由于人类活动产生的某些有害颗粒物和废气。它分为两类，一类是有害气体，如二氧化硫、甲烷、二氧化氮、一氧化碳、硫化氢和氟化氢等，另一类是灰尘，烟雾、煤尘、水泥和金属粉尘等。它的主要来源是化石燃料的燃烧，如汽车尾气，燃煤，工业生产等。

2. 二氧化碳和氧气的生态作用

（1）二氧化碳的作用

二氧化碳是植物进行光合作用的主要原料，植物通过光合作用，把二氧化碳和水合成为糖类，构成复杂的有机物。在组成植物体的干物质中，碳和氧来自二氧化碳。

大气中二氧化碳的浓度已上升到 360 百万分之一，二氧化碳浓度有日变化与年变化规律。一天中，中午光合作用最强，二氧化碳浓度最低；而夜间，呼吸作用释放二氧化碳，在日出前二氧化碳浓度达到最高值。一年中，一般是夏季二氧化碳浓度最低，冬季最高。

对园林植物生长而言，大气中360百万分之一的二氧化碳浓度，远远不能满足植物光合作用的需要，一般随着二氧化碳浓度的增加，光合作用会增强。植物进行光合作用最适二氧化碳浓度为1000百万分之一左右，当环境中二氧化碳浓度为6000百万分之一时，植物生长量会提高1/3左右。

（2）氧气的生态作用

氧气是植物呼吸作用的原料，没有氧气植物就不能生存。空气中的氧气足以满足植物的呼吸需求，氧气对植物生长的影响主要表现在土壤氧气的供应状况。

大气中氧气的主要来源于植物的光合作用，少部分来源于大气层中水的光解作用。植物的呼吸作用消耗氧气，光合作用制造氧气，但产生的氧气远远多于消耗。原因在于地球上的一切氧化过程，如有机物的分解、燃料的燃烧，都要消耗大量的氧气，大气层中的氧气含量才能保持平衡。

（3）园林植物与碳氧平衡

城市由于人口密集，人的呼吸会排放出大量的二氧化碳，再加上各种燃料燃烧放出的二氧化碳，使空气中二氧化碳的含量不断升高，当空气中二氧化碳的浓度达到0.05%时，人的呼吸就困难，0.2%～0.6%时就使人受害。当环境中二氧化碳浓度增加和氧气减少到一定限度时，二氧化碳和氧气的平衡被破坏，就会影响植物的生长和人的身体健康。

园林植物是环境中二氧化碳和氧气的调节器，它能吸收二氧化碳，释放氧气，恢复和维持大气中二氧化碳和氧气的平衡。根据测算，城市每人要10平方米的森林或50平方米的草坪，才能满足人们呼吸的需要。若在考虑城市（工矿）燃料燃烧释放的二氧化碳和消耗的氧气，就需增加2倍以上的林地面积，才能维持城市及工矿区的二氧化碳和氧气的平衡。

3. 园林植物与大气污染

大气污染是指空气中的某些原有成分大量增加，或增加了新的成分，对人类健康和动植物的生长产生危害。大气污染包括自然污染和人为污染两种。自然污染是发生于自然过程本身，如火山爆发，尘暴等；人为污染是由人类的生产活动引起的，如工业发展和城市化发展过程化石燃料和石油产品应用排放的污染物。大气污染是多种污染物的混合体。

大气污染物种类很多，已引起人们关注的有100多种，其中对园林植物危害较大的有二氧化硫、硫化氢、氯气、臭氧、二氧化氮、有毒重金属和煤粉尘等。大气中的污染物主要通过气孔进入叶片并溶解在细胞液中，通过一系列生化反应对植物产生毒害，且不同的污染物对植物毒害的症状不一样。大气中的固体颗粒污染物落在叶上，会堵塞气孔，影响光合作用、呼吸作用和蒸腾作用，危害植物。

园林植物可以吸收有毒气体、放射性物质，减少粉尘污染，减弱噪声，减少空气中的细菌数量，吸收二氧化碳和放出等，从而起到净化空气的作用。

二、土壤

土壤是树木生命活动的基础。树木的根系生活于土壤中，从土壤中吸收其生长发育所需要的矿质营养、水分。土壤对园林树木的影响主要从土壤温度、土壤水分、土壤质地和结构、土壤养分及土壤酸碱度等方面发挥作用。

（一）土壤温度

土壤温度影响根系和土壤微生物的活动、有机物的分解、养分的转化和吸收，在一定的温度范围内，土壤温度越高，植物的生长发育越快。土温过高或过低，都会影响养分的转化和吸收，均不利于根系的生长，进而影响园林植物的生长发育。

（二）土壤水分

土壤水分是影响园林植物生长的重要因子。土壤水分充足，矿质营养才能最大限度地被植物吸收利用，土壤肥力才能提高，园林植物生长发育健壮，叶大而色浓，花繁而艳，才能更好地发挥其观赏功能。土壤水分不足，园林植物生长发育差，叶小色淡，花少而色淡，观赏效果差。土壤水分过多，土壤通透性差，土壤空气少，根系的呼吸减弱，吸收能力降低或土壤有毒物质积累，园林植物生长发育不良，严重者根系会窒息，导致植物死亡。

一般园林树木根系生长的适宜土壤含水量为田间最大持水量的 60% ~ 80%，通常落叶树木在土壤含水量为 5% ~ 12% 时叶片出现凋萎现象。因此，园林树木养护管理中应适时灌水，保证土壤水分适宜，树木生长良好，最大限度地发挥其观赏效益。

（三）土壤质地和结构

土壤质地和结构状况影响着土壤的通气和透水性及保肥保水能力，从而影响土壤肥力的高低。因此，了解土壤质地和结构对园林树木的管护有着重要的意义。

土壤质地是土壤中各种大小矿质颗粒的相对含量。根据土壤质地不同，将土壤分为砂土、壤土和黏土三种类型。砂土质地较粗，通气透水性强，蓄水保肥性差；壤土质地较均匀，通气透水性、保肥保水能力较好；黏土质地较细，结构细密，干时硬，保肥保水能力强，但通气透水性差。大多数的园林植物栽种在壤土上生长良好。

土壤结构是指土壤颗粒的排列状况，一般分为团粒结构、块状结构、核状结构、柱状结构和片状结构等，其中以团粒结构最适宜园林植物的生长。团粒结构的土壤肥、水、气、热协调，保肥保水能力强。土壤的团粒结构越发达，土壤肥力就越高。因此，园林生产中，要加强土壤管理，促进土壤团粒结构的形成，提高土壤肥力，促进园林植物的生长发育。

（四）土壤养分

园林植物生长发育所需要的矿质营养主要来自土壤，因此土壤养分的供应状况直接影响着园林植物的生长状况。影响园林植物生长的来自土壤的矿质元素有大量养分元素如钙、钾、镁、氮、磷、硫和铁等；微量元素如硼、锰、铝和锌等。氮、磷、钾是植物需要量大，土壤中容易缺乏的元素。

土壤养分供应充分，则园林植物生长良好，观赏性能好；土壤养分不足，则园林植物生长不良，观赏性差，寿命短。氮素营养过多，生长过旺，开花结实少，观赏性能降低；秋季不能及时结束生长，贮藏物质积累少，树木的越冬性差，易受冻害。

生产上在园林植物养护管理中，通过合理施肥，使土壤养分供应适宜，促进园林植物生长发育良好，提高其观赏性。

（五）土壤的酸碱度

l. 土壤酸碱度对园林植物的影响

土壤的酸碱度是指土壤溶液中H+的浓度，用PH值表示，一般土壤PH值多为4 ~ 9。土壤酸碱度影响土壤微生物的活动和有机物的分解，从而影响土壤养分的有效性和植物的生长。不同酸碱度的土壤溶液中，矿质营养元素的溶解度不一样，供给植物可利用的养分也不同。一般情况下土壤 PH 值在 6 ~ 7 时，土壤微生物的活性最强，土壤养分的有效性最高，对园林植物的生长最有利。

2. 园林植物对土壤酸碱度的适应

不同种类的植物对土壤酸碱度的要求不一样，大多数园林植物对土壤酸碱度的适应范围为 PH 4 ~ 9，最适范围在中性或近中性范围内，土壤 PH 值低于 3 或高于 9，多数植物难以存活。按照植物对土壤酸碱度的适应程度将园林植物分为酸性植物、中性植物和碱性植物。酸性植物在酸性或微酸性土壤环境下生长良好或正常的植物，如云杉、油松、红松、杜鹃、山茶等；中性植物是在中性土壤环境下生长良好的植物，大多数植物属于此类，如丁香、雪松、银杏、樱花及龙柏等；碱性植物是在碱性或微碱性土壤环境下生长良好或正常的植物，如刺槐、旱柳、垂柳、毛白杨、枣树、梨、杏、沙枣、白榆、泡桐、紫穗槐、垂柳、白蜡、沙棘、榆叶梅及黄刺玫等。

3. 城市土壤特点与园林植物栽培

城市土壤因受城市废弃物、城市气候条件的影响及车辆、人流的踏压，其理化特性及生物性状与自然状态下的土壤差异很大。

城市发展过程中，往往有大量的建筑、生产和生活废弃物就地填埋，改变了土壤的自然特性，形成了城市堆垫土层。在这样的地段进行园林植物的栽植，栽植前必须对人工渣土进行的土壤改良，挑出大粒径的渣块，并掺入黏土或砂土进行改良，促进土壤团粒结构的形成，利于园林植物的生长；对难以生长植物的土壤进行换土，而且在园林植物配置时要根据土壤情况选择适宜的园林植物进行栽种。

城市土壤由于人流的践踏和车辆的碾压，土壤坚实，导致土壤通气透水性较差；加之城市土壤渣土较多，碱性较强，氮素营养缺乏，致使园林树木生长不良，长势衰弱。因此，园林树木养护过程可给土壤中掺入碎枝、腐叶土等有机物及适量的粗砂砾等改善土壤的通气状况。也可通过设置围栏、种植绿篱或铺设透气砖等措施防止践踏。

城市土壤因枯枝落叶被清理运出，土壤有机质来源缺乏，土壤养分尤其氮素营养偏低，因此，管护中应结合土壤改良进行人工施肥，增加土壤机质，改善土壤结构，提高有效态养分含量，促进园林植物的生长发育。

三、地形地势

地形是影响园林植物生长的间接生态因子。它通过对光、温度、湿度及养分等的重新分配而起作用。山地条件下，地形是影响园林植物生长的重要因素，因此，园林植物的栽培必须考虑地形条件。

（一）地形对园林植物的影响

地形是地球表面的形态特征。我国是一个多山国家，山地按海拔、相对高度和坡度的不同，分为高山、中山和低山。根据地形要素的范围大小划分为巨地形、大地形、中地形、小地形和微地形等五个等级。巨大地形影响着大气环流和气团的进退，从而影响着区域气候，使热量、水分和风等气象要素按地形结构重新分配，影响土壤的发育和园林植物的栽培。

山脉的走向影响气团的活动，对温度和降水影响较大。如秦岭是亚热带与暖温带的天然分界线，在秦岭南坡地带性植被属落叶阔叶与常绿阔叶混交林，秦岭北坡则属于落叶阔叶林，南岭也有类似作用。山脉走向也影响着降水，我国大陆的降水主要靠东南季风从太平洋带来的水汽，因此，与东南季风在一定交角的大山脉是我国水分分布的天然界线。如大兴安岭以东，降水量在 400 毫米以上，属森林区，是我国的木材生产基地；而大兴安岭以西，降水量在 300 毫米以下，属草原区或森林草原区，以牧业为主。

河流同样也影响着河流两岸的气候，进而影响植被的分布。

（二）地势对园林植物的影响

山地条件下，气候要素会随着海拔高度、坡向、坡位和坡度等地形因子的变化而变化。因此，在山地条件下，在不大的范围内就会出现气候、土壤和植被的差异，还可看到不同的植物组合或同种植物的不同物候期。

1. 海拔高度

海拔高度是山地地形变化最明显的因子，一般温度会随着海拔高度增加而降低，每上升100米，气温下降0.6℃，如热带高山，由山麓到山顶，可出现由热带、温带到寒带的气候和植被变化。在一定的高度范围内，空气湿度和降水会随着海拔高度的增加而增加，但超过一定范围后，降水量有所下降。

山地由于气候、土壤的变化，不同的海拔高度分布着不同的森林植被，海拔高度越高，则北方的、较耐寒的种类逐渐增多。到达一定海拔高度后，温度太低，风太大，不宜于树木的生长，只有低矮的灌木或草甸，这个海拔高度就成为树木分布的上界，称为高山树木线。

2. 坡向

坡向不同，太阳辐射的强度和日照时间长短就不一样，因而土壤的理化特性有较大的差异。一般南坡温度高、湿度小，土壤有机质积累少，干燥而土壤贫瘠，称为阳坡。南坡植被多为喜光、耐旱的种类。北坡则为阴坡，植被多为耐寒、耐阴、喜湿的种类。

3. 坡位

坡位是山坡的不同部位，常把一个山坡分为上坡、中坡、下坡等三部分。山坡不同部位，土壤状况不一样。一般地，山脊和上坡常是凸形，中坡是凹凸相间的复式坡面，下坡通常是平直的。从山脊到坡底，坡面上获得的阳光逐渐减少，水分和养分则逐渐增多，生境向着阴暗、潮湿的方向发展；土层厚度、土壤有机质的含量、含水量和养分的含量逐渐增加。

4. 坡度

坡度不同，坡面上获得的太阳辐射就不一样，气温、土温和土壤养分状况等都会发生变化。通常将坡地分为缓坡（6° ~ 15°）、斜坡（16° ~ 25°）、陡坡（26° ~ 35°）、急坡（36° ~ 45°）和险坡（45° 以上）。坡度越大水土流失越大，导致土层浅薄，土壤贫瘠。

第二节　园林树木栽植技术

园林树木栽植是园林绿化生产中的一个重要环节，它关系着园林树木生长发育状况和园林绿化效果，了解园林树木栽植各个技术环节的要点，对确保园林树木栽植成活有着重要的意义。

一、园林树木栽植成活原理

（一）园林树木栽植的概念和意义

1. 园林树木栽植的概念

园林树木的栽植不同于狭义的“种植”，它是一个系统的、动态的操作过程，它是指将某地生长到一定规格的苗木移植到另一个地点的过程。在园林绿化施工中，栽植实际上就是园林树木的移植。它包括起苗、装运、定植和栽后管理四个环节。起苗是将一定规格的苗木从土中连根挖出（裸根或带土球）并包装的过程。装运是将挖出的苗木用一定的交通工具运至栽植地点的过程。栽植各个环节应尽量缩短时间，最好做到随起、随运、随栽，并及时管理，确保成活。栽植又因种植时间的长短和地点的变化分为假植、寄植、移植和定植。

（1）假植

假植就是用湿润的土壤对苗木根系进行暂时埋植的操作过程。一般在苗木运到目的地后，如不能及时栽植时，为防根系失水致使苗木失去生活力，才需要进行假植。分为临时假植和越冬假植两种。

（2）寄植

在园林工程中，将植株临时性种植在非定植点或容器中，促进苗木生根的方法。

（3）移植

移植是将苗木从原来的育苗地或栽种地挖掘出来，在移植区或栽植区按一定的株行距重新栽植，培育园林绿化工程需要的规格较大的苗木。

（4）定植

定植是按规划设计要求将树木栽种到计划位置的操作过程。园林树木定植后将永久性地在栽种地生长。

2. 园林树木栽植的意义

园林树木栽植是园林施工的一个重要环节，对园林树木生命周期中各阶段的生长发育有着极其重要的影响，对园林树木抵抗自然灾害的能力、园林树木的艺术美感和景观效果的发挥及园林树木养护成本的高低有着显著影响。

（二）园林树木栽植成活的原理

1. 影响园林树木栽植成活的因素

园林树木栽植能否成活，与苗木质量、苗木起运过程的损伤程度、栽植方法及栽后管理等因素有关。

（1）苗木质量

苗木质量直接影响着栽植成活及生长发育状况，苗木质量主要指苗木的成熟度、有无病害及冻害等。育苗过程中，氮肥偏多，生长后期雨水偏多，则导致苗木旺长而成熟不充分。一般情况下病害和冻害并不多见，即使有也可以在苗木出圃时鉴别出来。

（2）起苗、装运过程及栽前的损伤或伤害

人工起苗容易造成伤根，运输中的装车卸车常使苗木树皮损伤；在栽植前的苗木保管不当会造成苗木失水，尤其是根系失水，这些均会影响树木栽植成活率。

（3）栽植方法

栽植方法对栽植成活率也有很大的影响。带土球栽植、容器苗栽植均比裸根栽植成活率要高；栽植深度对栽植成活率也有影响，栽植过深，会影响苗木的成活，且会延迟发芽时间。这是因为春季，深层土壤的温度比上层偏低，致使发芽比较缓慢。

（4）栽后管理

园林树木栽植后树体地上部分的蒸腾作用散失水分，而春季四五月间，往往雨水偏少，地下部分根系不能及时吸收水分供应地上枝叶，不能满足新栽树木蒸腾失水和生根的需要，造成树木栽后不易成活或成活率偏低。因此，在园林绿化生产中，树木栽植后，常采取搭遮阴网、打吊瓶、浇生根液的措施，防止蒸腾过大，植物水分损失大或补水补养，促发新根，促进成活。另外，阴天或雨季移植树木成活率高，移植时，根部受损，特别是毛细根（吸收根），营养供不上，树木缓苗慢，所以园林施工时采用栽后及时打吊瓶、浇生根液，补充营养，促发新根。

2. 园林树木栽植过程中树体变化

第一，根系受损，根系吸收能力显著下降。园林树木栽植过程中，起苗后苗木所带的根量为原根量的 10% ~ 20%，尤其是吸收根量大量减少，致使根系吸收能力大大降低。

第二，树体蒸腾与蒸发失水仍在进行。

第三，树体内的水分平衡被破坏。树木栽植后，即使土壤水分供应充足，但因为在新的环境下，根系与土壤的密切关系遭到破坏，减少了根系对水分的吸收表面。此外苗木挖掘时给苗木根系造成了极大的损伤，切断了主根和各级侧根，尤其是具有吸收功能的须根大量损失，根系虽具有一定地再生能力，但要发出较多的新根还需经历一定的时间，因此，树木栽植后根系吸收水分的能力极度减弱，而地上部分枝叶的蒸腾失水仍在进行，此时根系吸收的水分远远不能满足地上部分的失水需求，导致树体内部的水分代谢平衡被打破，树体内水分极度亏缺，严重者会出现植株死亡。

（三）园林树木栽植的原理

园林树木栽植能否成活，关键在于树木栽植后能否保持和及时恢复树体内的水分代谢平衡。树木栽植成活原理是保证栽植树木的水分平衡。在园林树木栽植过程中，要严格各个环节的技术要领，起苗、包装和运输过程尽量减少根系损伤或带好土球，防止根系风干，适时栽植，栽后及时养护，保证土壤水分的供应，维持树体内的水分代谢平衡，保证园林树木栽植的成活。

（1）适树适栽

为了确保园林树木栽植成活，在园林规划设计中，要根据绿化树种的生态习性及其对栽植地的生态环境的适应能力，绿化地的环境条件等选择适应当地环境条件的乔灌木种类进行栽植，尽量选用性状优良的乡土树种，作为景观树种中的基调骨干树种，特别是在生态林的规划设计中，实行以乡土树种为主的原则，以求营造生态群落效应，做到适树适栽，另外，可充分利用栽植地的局部小气候条件或创造有利条件，引入新树种，延伸南树北移的疆界。

同时还要考虑树种对光照的适应性。园林树木栽植不同于一般造林，多采用乔木、灌木、地被树木相结合的群落生态种植模式，来体现园林绿化的景观效果。因此，在园林绿地中多树种群体配植时，对耐荫性树种和阳性灌木合理配植，就显得极为重要。

（2）适时适栽

园林树木栽植时期与园林树木的成活、生长及成活后的养护管理费用有着密切的关系。落叶树种多在秋季落叶后或在春季萌芽开始前栽植。常绿树种的栽植，在南方冬暖地区多在秋季栽植，冬季严寒地区，因干旱易造成“抽条”而不能顺利越冬，故以新梢萌发前春季栽植为宜；春旱严重地区一般在雨季栽植。随着社会经济和人类文明的发展，人们对生存环境的要求越来越高，园林树木的栽植也突破了时间的限制，“反季节”栽植也在生产中出现。

（3）适法适栽

在园林树木的栽植过程中，具体的栽植方法，因树种的生长特性、树体的生长发育状态、树木栽植时期以及栽植地点的环境条件等而异。一般采取裸根栽植或带土球栽植。

裸根栽植多用于常绿树小苗及大多数落叶树种。裸根栽植的关键在于保护好根系，大的骨干根不可太长，侧根、须根尽量多带。从挖苗到栽植期间，要保持根系湿润、防止根系失水干枯。园林施工中常用根系蘸泥浆或假植来保持根系水分，防止失水，可提高栽植成活率 20%。一般泥浆水配置比例为：过磷酸钙 1 千克细黄土 7.5 千克水 40 千克，搅成糨糊状。在运输过程中，还可采用湿草覆盖，防根系风干。

带土球栽植多用于常绿树种及某些裸根栽植难于成活的树种，如云杉、樟子松、油松、雪松、白皮松、板栗、七叶树、玉兰等，多采用带土球栽植；国槐、刺槐等大树栽植和生长季栽植，也要求带土球进行，以提高成活率。反季节栽植或极端环境栽植采用容器苗栽植可提高成活率和保有率。

（4）维持树木体内的水分和营养平衡

园林树木在栽植过程中，树木根系受到损伤，破坏了土粒与根系的密切接触，导致根系吸收能力大大降低，不能满足新栽的园林树木地上部枝叶生长、蒸腾和蒸发失水对水分和养分的要求，打破了树木体内的水分和养分代谢平衡，影响新栽树木的成活和生长发育及养护管理。因此，在园林绿化施工过程中，对大规格的阔叶树一般在苗木栽植前对地上部分枝叶进行强剪，减少部分枝叶量，降低蒸腾和蒸发失水量及养分的消耗，及时灌水、浇生根液、打吊瓶等，维持和恢复树体的水分和养分代谢平衡，促进栽植成活。

二、园林树木栽植的季节

园林树木栽植时期与树木成活和生长密切相关，也与栽植后的养护管理费用有关。园林树木栽植时期，应根据园林树木的生长特性和栽植地区的气候条件而定，应选择在树体的蒸腾失水量最小，有利于根系恢复生长，保证水分代谢平衡的时期。最适宜的栽植季节春季和秋季，即树木落叶进入休眠至土壤解冻前，以及树木春季萌芽前。

（一）春季栽植

春季土壤解冻后至苗木萌芽时，为园林树木栽植的适宜时期。春季土壤解冻后树木的芽尚未萌动而根系已开始活动，栽植后，根系开始生长，为萌芽后的枝叶生长准备好水分和养分，有利于水分代谢的平衡。冬季严寒地区或耐寒性差的树种，均可在春季进行栽植，从而避免越冬防寒。

（二）秋季栽植

秋季栽植是在秋季树木的地上部分枝叶生长缓慢或停止生长后进行的栽植，即落叶树开始落叶到落叶结束，常绿树在生长高峰过后。这个时期地温较高，正值北方多雨之际，栽植后根系还能进行一定时间的生长，有利于伤根的愈合并发生新根，为第二年春季生长奠定基础，同时缩短了缓苗时间。秋季栽植适宜于冬季温暖湿润的地区，或冬季不需要埋土防寒的树种。冬季严寒的地区不宜秋栽。

不同地区、不同树木种类秋季栽植的时间不一样。东北和西北北部严寒地区，秋季栽植时期在树木落叶后至土地封冻前进行。华东地区秋植，可延至11月上旬至12月下旬。华北地区秋植，多使用大规格苗木，以利树体安全越冬。

（三）夏季栽植

夏季气温高，光照充足，树木生长旺盛，地上部分枝叶蒸腾和蒸发量大，这个时期进行树木栽植，容易缺水，影响树木的成活，且养护成本高，所以最好不要在夏季进行园林树木的栽植。若因园林绿化工程的需要，必须在夏季栽植时最好选择在阴雨天，或采用带土球栽植、容器苗栽植，并采取树体遮荫、树冠喷水等养护措施，创造有利于树木生长的环境条件，促进新栽树木的成活。一般情况西南地区，以雨季栽植为好。且要掌握当地的降雨规律和当年降雨情况，在连阴雨时期栽植。

三、园林树木的栽植技术

园林树木栽植技术关系着树木栽后成活、生长发育状况及栽后养护管理的费用的高低，栽植环节技术规范，栽后成活率高，树木生长发育良好，养护管理成本低，观赏效果好。

（一）栽植前期准备工作

为了保证园林栽植工程顺利完成，在栽植施工前，必须做好一切准备工作。

1. 明确设计意图与工程概况

园林树木栽植是园林绿化工程的一个重要环节，树木栽植之前，应明确园林绿化设计的意图和园林工程概况，做到心中有数，施工程序井然有序。

（1）了解设计意图

树木栽植施工前，施工人员要向设计人员详细了解工程设计意图，如设计思想、预想目的或意境，以及施工完成后近期所要达到的景观效果。只有知道设计意图，才能按设计要求规范施工，使树木栽植达到设计要求。如银杏树，做行道树栽植应选雄株，并要求树体大小一致，配置时采用规则式列植；做景观树时选雌、雄株均可，树体规格大小可以不同，配置时采用自然式孤植、对植、丛植、群植或片林均可。栽植施工前，应熟悉各树种的生活习性，避免因树种混植不当而造成病虫害的发生，如槐树与泡桐混植，会造成椿象等大发生；松柏应远离海棠、苹果等蔷薇科树种，以避免苹桧锈病发生。

（2）了解工程概况

明确园林工程设计意图后，应通过设计单位和工程主管部门了解工程概况。与园林施工有关的工程概况主要包括以下内容：

①植树与其他有关工程的范围和工程量，其他工程如铺草坪、建花坛以及土方、道路、给排水、山石、园林设施等；

②施工期限，施工开始、竣工日期，其中栽植工程必须保证按不同种类树木在当地最适栽植时间进行；

③工程投资，如设计预算、工程主管部门批准投资数；

④施工现场的地上（地物及处理要求）与地下（管线和电缆分布与走向）情况与定点放线的依据（以测定标高的水位基点和测定平面位置的导线点或和设计单位研究确定地上固定物作依据）；

⑤工程材料来源和运输条件，尤其是苗木出圃地点、时间、质量和规格要求。

2. 现场踏勘与调查

在了解设计意图和工程概况的基础上，负责施工的主要人员（施工队、生产业务、计划统计、技术质量、后勤供应、财务会计、劳动人事等）必须亲自到现场进行细致的踏勘与调查，调查解决施工地段的有关问题。

①各种地上物（如房屋、原有树木、市政或农田设施等）的去留及需要保护的地物（如古树名木、古建筑等）。要拆迁的如何办理有关手续与处理办法。

②现场内外交通、水源、电源情况，如能否启用机械车辆，无条件的，如何开辟新线路。

③施工期间生活设施的安排，如办公场所、宿舍、食堂、厕所等。

④施工地段的土壤调查，根据土壤状况决定是否换土，估算客土量及其来源等。

3. 编制施工方案

园林工程属于综合性工程，为保证各项施工项目的顺利施工，互不干扰，做到多、快、好、省地完成施工任务，实现设计意图和日后维修与养护，在施工前都必须制定好施工方案。大型的园林施工方案比较复杂，要组织经验丰富的技术人员编写“施工组织设计”，精心安排施工程序。

（1）工程概况

包括工程名称、地点、参加施工单位、设计意图与工程意义、工程内容与特点、有利和不利条件等。

（2）施工进度

包括单项进度与总进度，规定各项目的起止日期。

（3）施工方法

包括机械、人工的主要环节具体操作方法。

（4）施工现场平面布置

包括交通线路、材料存放、囤苗处、水、电源、放线基点、生活区等具体位置。

（5）施工组织机构

明确施工单位、负责人；设立生产、技术指挥，劳动工资、后勤供应等部门，以及政工、安全、质量检验等职能部门；制定完成任务的措施、思想动员、技术培训等；绘制工程进度、机械车辆、工具材料、苗木计划图。

（6）制定施工预算

依据设计预算，结合工程实际质量要求和当时市场价格制定施工预算。方案制定后经广泛征求意见，反复修改，报批后执行。

合理的园林施工程序应是：征收土地→拆迁→整理地形→安装给排水管线→修建园林建筑→广场铺装道路→大树移植→种植树木→铺装草坪→布置花坛。其中栽植工程与土建、市政等工程相比，有更强的季节性。应首先保证不同树木移栽定植的最适期，以此方案为重点来安排总进度和其他各项计划。对植树工程的主要技术项目，要规定技术措施和质量要求。

4. 施工现场清理与地形处理

园林树木栽植施工前，对栽植工程的现场、拆迁和清除周围有碍施工的建筑垃圾和杂物等障碍物，然后根据设计图纸进行种植现场地形处理，使栽植地与周边道路、设施等合理衔接，排水降渍良好。施工过程中，要按照施工图进行定点测量放线，才能达到设计的景观效果。行道树的定点放线，一般以路沿或道路中轴线为依据，要求两侧整齐。无固定的定植点的树木栽植，如树丛，可先划出栽植范围，具体位置根据设计理念、苗木规格和场地现状等综合考虑，一般以植株株间发育互不干扰为原则。栽植场地规划完成后，要根据栽植地的土壤情况，做好土壤改良或肥土工作，为园林树木栽植成活和良好生长创造适宜的生长环境。

5. 苗木准备

苗木质量的好坏、规格及大小直接影响着园林树木栽植的成活率及绿化效果，因此，园林栽植施工前要做好苗木准备工作。

（1）苗木的选择

根据园林绿化设计的要求，施工前必须对可提供的苗木质量状况进行调查了解，选择相应苗龄、规格的栽植树种，并进行编号。

①优良园林绿化苗木应具备的条件

园林绿化施工用苗应选择苗木健壮，苗干粗壮通直，枝叶繁茂，主侧枝分布均匀，树冠完整丰满，枝条充实，芽体饱满，根系发达完整，侧根、须根多，无病虫害和机械损伤的苗木。使栽植后成活率高、恢复快，绿化效果好。

②苗（树）龄与规格

A. 苗（树）龄选择

苗（树）龄对园林树木栽植成活率高低、成活后在栽植地的适应性和抗逆能力有很大影响。幼龄苗，树体较小，根系分布范围小，起苗时根系损伤率低，起苗、运输和栽植过程较简便，且施工费用低。苗木的须根保留较多，起苗过程对树体地下部与地上部的平衡破坏较小。后受伤根系再生力强，恢复期短，成活率高，且地上部枝干经修剪留下的枝芽也容易恢复生长，栽后营养生长旺盛，对栽植地环境的适应能力较强。但由于株体小，容易遭受人畜的损伤，尤其在城市条件下，更易受到外界损伤，甚至造成死亡而缺株，影响景观效果。幼龄苗如果植株规格较小，绿化效果也较差。

壮龄树木，根系分布深广，吸收根远离树干，起掘时伤根率高，故移栽成活率低。为提高移栽成活率，对起、运、栽及养护技术要求较高，必须带土球移植，施工养护费用高。但壮龄树木，树体高大，姿形优美，移植成活后能很快发挥绿化效果，对重点工程在有特殊需要时，可以适当选用。但必须采取大树移植的特殊措施。

B. 苗木规格要求

绿化用苗应根据城市绿化的需要和环境条件特点，选择经过多次移植、须根发达的相应规格的苗木。园林绿化工程应根据设计要求和不同用途选苗。一般落叶乔木最小选用胸径 3 厘米以上，行道树应选树干直，枝下高在 3 米以上，树冠丰满，枝条分布均匀的树木。绿篱用苗要求分枝点要低、树冠丰满、枝叶密实，树冠大小和高度基本一致。常绿乔木，最小应选树高 1.5 米以上的苗木。花灌木用苗要求树形饱满、长势良好，冠幅、高度及分枝数达到一定要求。如三年生丁香，株高 1.5 米以上，5 ~ 6 个头；连翘一般 3 ~ 5 个分枝等。

（2）苗木的订购和检疫

绿化用苗的来源一般有三种途径：当地繁育，外地购进，园林绿地及山野搜集的苗木。苗木调集前必须实地考察苗木在圃地的情况，了解起苗、装运环节的条件，综合考虑价格因素，签订苗木订购合同，明确双方职责、权利和义务。苗木调集应遵循就近调运的原则，以满足栽植地的气候、土壤条件。外地购入的苗木要求供货方在苗木上挂牌、列出种名和原产地等资料。

调入的苗木，特别是外地调进的苗木，为杜绝重大病虫害的蔓延和扩散，应加强植物检疫和消毒工作。尤其是近年来，地区间、国际间种的交流日益增多，苗木检疫工作应高度重视，禁止从疫区引种树木，严防检疫性病虫害的扩散。调入的苗木经当地植物检疫部门检疫许可后方可通行。如有需要，引入的树木应采用浸渍、喷洒、熏蒸等方法进行彻底消毒。

（二）园林树木起苗技术

起苗是园林树木栽植过程中一个重要的环节，它直接影响着苗木的栽植成活率，因此，要严格把好起苗关。

1. 裸根起苗

绝大多数落叶树种，如白蜡、国槐、杨树、柳树、刺槐等均可进行裸根起苗。起苗过程苗木根系的完整和受损程度是挖掘质量好坏的关键，地表附近靠近根茎的主根、侧根和须根构成了苗木的有效根系。

（1）苗木根幅大小

一般地，留床苗或未经移植的实生苗有效根系根量少，而经多次移植的苗木有效根系的根量大。为了促进成活，起苗时要尽量使有效根系根量大，水平分布范围为主干直径的6～8倍，垂直分布的深度，为主干直径的4～6倍，一般多在60～80厘米，浅根性树种为30～40厘米。绿篱用扦插苗根系的水平幅度为20～30厘米，垂直深度15～30厘米。

（2）起苗程序

①号苗

起苗前应根据设计要求进行选苗，选择生长健壮，无病虫害，树形良好，树干通直，根系发达，规格符合设计要求的良好苗木，用油漆在树干上做明显标记进行号苗。

②起苗

起苗时，铁锹要锋利，按规定根系大小起苗，用铁锹从四周由外向内垂直挖掘，挖够深度且侧根全部挖断后再向内掏底，断根，放倒树木，打掉土坨，如遇粗大树根应用锯锯断，保证根系不劈不裂并尽量多保留须根。起苗时特别应注意不要损伤树皮。

（3）苗木挖掘注意事项

①大规格苗木的骨干根应用手锯锯断，并保持切口平整，切忌用铁锹硬铲，防止根系劈裂。

②起苗前若土壤过干，应提前2～3天对起苗地进行灌水，使土质变软，便于起苗，多带根系，根系吸水后，便于贮运，利于成活。

③实生苗在挖掘前1～2年挖沟盘根，培养可携带的有效根系，提高移栽成活率。

④苗木起出后要注意根系保湿或打浆保护，避免因日晒风吹而失水干枯，并及时装运，及时栽植。

2. 带土球起苗

园林绿化工程中，常绿树、名贵树、花灌木和生长季节移植落叶树，均采用带土球移植，起苗采用带土球挖掘。

（1）苗木挖掘前的准备工作

带土球起苗前要准备铲子和锋利的铲刀、锄头或镐、草绳、拉绳、吊绳、锋利的手锯、吊车和运输车等。为防止挖掘时土球松散，可提前1～2天浇透水。

（2）土球大小的确定

乔木树种起苗时挖掘的根幅或土球直径一般是树木胸径的6～12倍，其中树木规格越小，比例越大；反之，越小。常以下式进行推算：

土球直径（厘米）=5×（树木地径 -4）+45

即树木地径在 4 厘米以上，每增加 1 厘米，土球直径增加 5 厘米。地径超过 19 厘米，土球直径则以 6.3（2π）倍计算（即树干 20 厘米的周长为半径确定）。土球高度大约为土球直径的 2/3。灌木的土球直径为冠幅的 1/3 ~ 2/3。

（3）挖苗

挖带土球苗木，土球规格要符合规定大小，保证土球完好，外表平整光滑，包装严密，草绳紧实不松脱。土球底部要封严，不能漏土。

挖苗程序：确定土球规格→去表土→挖土球→修整土球→掏底→包装。

①画圈线

开始挖掘时，以树干为中心，以土球直径大小用白灰划一个正圆圈，标明土球直径的尺寸。为保证起出的土球符合规定大小，以圈线为掘苗作依据，沿线外缘稍放大范围进行挖掘。

②去表土

划定圆圈后，将圆内的表土挖去一层，深度以不伤表层的苗根为度。此步骤可有可无，根据圈内表层地被植物多少来定。

③掘苗

挖苗时以树干为中心，比确定的土球直径大 3 ~ 5 厘米划圆；顺着所划的圆圈向外开沟挖土，大树沟宽 60 ~ 80 厘米，小树适当窄些；土球高度为土球直径的 60% ~ 80%。细根用铲刀或利铲直接铲断，粗大根系用手锯锯断。

④土球修整

土球成形后将土球修整平滑，以利包扎。

⑤掏底

土球四周修整好并打好腰箍后，土球修整到 1/2 时，逐渐向里收底，收到 1/3 时，在底部收一平底，整个土球呈倒圆台形。在土球下部主根未切断前，不得扳动树干，硬推土球，以免土球破裂和根系损伤。起苗时切若踩、压土球，以防土球松散。如土球底部已松散，必须及时堵塞泥土地，并包扎紧实。

⑥包装

土球修整平滑后，用草绳、蒲包等包扎材料进行包装。

（4）土球的包扎

园林绿化施工过程中，常绿树、珍贵树种及大树等的苗木起挖时土球一般需要包扎，特别是华山松、白皮松、雪松等价格较高的树种，无论土球大小，务必要包扎。但对近距离运输、土质紧实、土球较小、价格较低的树木，不必包扎。

苗木土球包扎方法依土球大小、土质松紧与否及运输距离的远近而定。在打包之前应将捆绳用水浸泡潮湿，以增强包装材料的韧性，以免捆扎时断裂，确保土球不松散。

①土球包扎的方法

土球直径在 30 厘米以上一律要包扎。土球直径在 30 ~ 50 厘米的苗木，抱出坑外打包；土质松散及规格较大的土球，应在坑内打包。苗木土球包扎方法有多种，常用有以下几种：

①单股单轴法

对土球直径小于 40 厘米的苗木，一般用一道草绳捆一遍，称为“单股单轴”。包括桔瓣式包装（单股单轴），最简单的就是用草绳上下绕缠几圈，称为简易包扎或“西瓜皮”包扎法；土球直径 45 ~ 80 厘米的苗木，采用扎腰箍，纵向用桔瓣式包装（单股单轴）；土球直径 85 ~ 100 厘米的，采用扎腰箍，纵向用井字式包装（单股单轴）。

②单股双轴法

土球直径较大者，用一道草绳沿同一方向捆两遍，称为“单股双轴”。

③双股双轴法

土球很大，直径超过 1m者，用两道草绳捆两遍，称为“双股双轴”。纵向草绳捆完后，在树干基部收尾捆牢。即先用蒲包等软材料把土球包严实，再用草绳固定。包扎时以树干为中心，将双股草绳拴在树干上，然后从土球上部梢倾斜向下绕过土球底部，从对面绕上去，每圈草绳必须绕过树干基部，按顺时针方向间隔 8 厘米缠绕（土质疏松可适当加密）。边绕边敲，使草绳嵌得紧些。草绳绕好后，留一双股的草绳头拴在树干的基部。江南一带包扎土球，一般仅采用草绳直接包扎，只有当土质松软时才加用蒲包、麻袋片包裹。

④简易包扎法

对直径规格小于 30 厘米的土球，可采用简易包扎法。如用一束稻草或草片摊平，将土球放上，再由底部向上翻包，最后在树干基部扎牢。或用草绳纵向捆扎几道后，在土球中部横向扎一道，将纵向草绳固定即可。也可用编织布、塑料袋包扎，但栽植前要将其去掉，以免影响根系的发育。

⑤土球包扎步骤

园林施工过程中，土球包扎操作工序是：扎腰箍→扎花箍。

扎腰箍

对大土球的包扎，在土球修整完毕后，先用 1.0 ~ 1.5 厘米粗的草绳（若草绳较细时可并成双股）在土球的中上部打上若干道，使土球不易松散，避免挖掘、扎缚时碎裂，称为扎腰箍。

扎腰箍应在土球挖至一半高度时进行，二人操作时，一人将草绳在土球腰部缠绕并拉紧，另一人用木槌轻轻拍打，令草绳略嵌入土球内以防松散。待整个土球挖好后再进行绑扎，每圈草绳应按顺序一道道地紧密排列，不留空隙，不使其重叠。到最后一圈时可将绳头压在该圈的下面，收紧后切断。腰箍的圈数（即宽度）视土球的高度而定，一般为土球高度的 1/4 ~ 1/3。

扎花箍

腰箍扎好后，在腰箍以下四周向泥球内侧铲土掏空，直至泥球底部中心尚有土球直径 1/4 左右的土连接时停止，开始扎花箍。花箍扎完，最后切断主根。扎花箍主要有橘子式（又叫网络包）、井字式（又叫古钱包）和五星式三种扎式。井字式和五角式包扎适用于黏性土和近距离运输的落叶树，其他情况宜用橘子式。

3. 苗木拢树冠与修剪

为了方便装车和运输，保护树冠，对分枝较低的树木，用草绳适当包扎和捆拢树冠。捆拢树冠时注意松紧度，不能折伤侧枝。

落叶树苗木挖出后，按照设计要求及时进行修剪，剪去一部分枝叶，并培养一定的树形，减少水分散失，保持树体内的水分代谢平衡，提高栽植成活率。

4. 苗木装运

苗木挖好后，本着“随起苗、随装车、随运输、随栽植”的原则，要尽快装车，在最短的时间内将苗木运到目的地栽植。苗木装运过程应注意以下几个问题：

第一，装车前的检验，在苗木装车前一定要仔细检查苗木的品种、规格、质量，并清点数量，对筛选出不符合要求的苗木予以更换。必要时可以贴上标签，写明树种、树龄、产地等。

第二，裸根苗木在装运过程中用帆布或湿草袋覆盖，长途运输要适时向苗木洒水保湿，防止苗木失水。

第三，装运裸根苗木时根系向前，按顺序码放整齐，在车后厢底部应垫草袋，避免碰伤树根、树皮。树梢不得拖地，必要时要用绳子围拢吊起，捆绳子的地方也要用蒲包垫上，不得勒伤树皮。

第四，带土球苗木装车时，2m 以下苗木可立装，高大的苗木必须放倒，可以平放或斜放，一般土球向前，树梢向后，并用支架将树冠架稳，避免树冠与车辆摩擦造成损伤。土球规格决定堆放层数，土球直径大于 50 厘米的苗木一般只装一层，小一些的可以码放 2 ~ 3 层，土球之间必须排码紧密以防车开动时摇摆而弄散土球。

第五，苗木运输中必须有专人跟车押运，并带有当地检疫部门的检疫证明。

第六，苗木运到后，按指定位置卸苗，卸裸根苗要自上而下顺序卸车，不得从下乱抽，卸时轻拿轻放，不得整车往下推，以免砸断根系和枝条。

第七，卸车后不能立即栽植的，裸根苗应临时将根系埋土或用毡布、草袋盖严，必要时可挖沟假植，假植时分层码放整齐，层间以土相隔，将根部埋严，保证苗木的成活。

（三）栽植

1. 定点挖坑

（1）园林施工定点放线

园林施工过程中要按照设计要求进行定点放线，定植点的位置标记要明显。

①施工人员接到设计图纸后，应到现场核对图纸，并了解地形、地上物和障碍情况，作为定点放线的依据。

②行道树定点一般以路沿或道路中心线为定点放线的依据，可用皮尺、钢尺、测绳按设计规定的株距，确定定植点的位置，并用锹挖小坑，放入白灰，用脚踏实表示刨坑位置。定点放线如遇有电杆、管道、涵洞、变压器等物应错开，按规定距障碍物留适当的距离。定点后应由有关人员验点。

③公园绿地的定点，可用仪器或皮尺定点，定点前先清除障碍。先将公园绿地边界、道路、建筑物的位置标明，然后根据以上标明的位置就近确定树木的位置。

④对孤立树要用仪器或皮尺定点，用木桩标出每株树的位置，木桩上标明要栽植的树种和树坑规格。

⑤自然式树丛标点可先用白灰线定出树丛的范围。在所圈范围的中间明显处钉一木桩，标明树种、栽植数量和坑径，在每株树的位置上用锹挖一坑或撒上白灰点作为刨坑的中心位置。

（2）挖栽植穴

栽植坑的大小直接影响树木成活和生长，栽植点确定后，按设计要求采用人工或机械挖坑，做到先挖坑后起苗，苗木运到后立即入坑栽植，以提高栽植的成活。

①栽植穴的规格

栽植穴的大小和深浅应根据树木规格和土层厚薄、坡度大小、地下水位的高低及土壤墒情而定。

②栽植穴挖掘

栽植穴位置、规格确定后，以栽植点为圆心，按规定的大小在地面画圆，然后从周边垂直向下挖坑，挖成圆柱形或方形，并且上口与下口保持一致，切忌挖成锅底形。挖至规定深度后，再向下翻松约 20 厘米深，为根系生长创造良好的环境条件。

栽植穴挖掘时，要将表土和心土分别堆放，如有建筑垃圾、残土及石块，应进行清理并换土；土壤过于黏重或过沙应掺沙或掺黏土，进行土壤改良；土层过薄的，应当客土以加厚土层。栽植时，先将表土、好土填在根部，心土、差土填在地表。

2. 树木定植

（1）定植深度

园林施工时，园林树木种植的深浅要合适，一般与原土痕平或略高于地面 5 厘米左右，浅根系的苗木浅栽，深根系的苗木适应深栽。栽植过深易造成根系缺氧，树木生长不良；栽植过浅，树木根茎裸露，易发生根茎冻害，树木抗风能力降低。苗木栽植深度因树木种类、土壤质地、地下水位高底及地形而异，一般地，杨、柳、杉木等根系再生能力强的树种和悬铃木、樟树等根系穿透能力强的树种可适当深栽，土壤排水不良或地下水位过高的情况下要栽浅一些；土壤干旱、地下水位低要深栽，平地和低洼地要浅栽。

（2）定植方向

园林树木种植时，高大乔木要保持原来的生长方向，确保栽植方向与原种植地方相一致，以免树干冬季冻裂和夏季日灼。要将树冠丰满或观赏价值高的一面向主要观赏面的方向；行道树或主行道，要求树干或树冠中心保持在设计的直线或曲线上，树体正直，形成一定的韵律或节奏；群植丛植时，株间树干树冠要互相协调；树木主干弯曲时，应将弯曲面与行列方向一致，树弯应尽量迎风。

（3）定植

①回填

定植时先将混有肥料的表土回填，培成土丘状。

②放苗

将树木（苗木）放于土丘顶，裸根苗根系要均匀分布在坑底的土丘上，使根茎高于地面 5 ~ 10 厘米。带土球栽植的苗木，放苗时对草绳等包扎材料用量较少时可不解除，如用量过多，在树木定位后剪除一部分，以免其腐烂发热，影响树木根系的生长。

③埋土

将剩余的表土填入坑内，每填 20 厘米土踏实一次，并将树体稍向上提动，使根系与土粒密接。最后将心土填入栽植穴内，至填土略高于地表。

④种植后作围堰，其半径比树坑半径大 20 ~ 30 厘米。

（4）定植时的注意事项

①带土球树木放苗前必须踏实穴底土层，然后将苗木放入种植穴，填土踏实。

②假山或岩石缝隙种植，要在种植土中掺入苔藓、泥炭等保湿透气材料。

③绿篱成块状模纹群植时，要由中心向外顺序退植。

④坡式种植时要由上向下种植。

⑤大型块植或不同色彩丛植时，要分区分块种植。

（四）园林树木栽后的养护管理

1. 浇水

园林树木定植后 24 小时内要浇定根水，浇足浇透，待水全部渗下后在树盘上覆盖塑料薄膜或及时覆土，保证成活。

2. 加土扶正

新植树木灌水或雨后，要及时检查是否出现树穴内土壤松软下沉，树体倾斜倒伏现象，如有需要立即扶正，覆土压实。树木扶正时，先将根部背斜一侧的填土挖开，将树体扶正后再填土踏实。对带土球的树不能强推猛拉、来回晃动，以防土球松裂，影响成活。对新栽树木，雨后或灌水后要及时检查，发现树体晃动的要及时紧土踏实；树盘泥土下陷时要及时填土，防止雨后积水导致烂根。

3. 固定支撑

新植树木尤其是栽植 5 厘米以上的大树时，栽后要立支架，绑缚树干进行固定，防止风吹摇晃和风倒，影响成活和根系恢复生长。裸根树木栽植后采用标杆式支架，在树干旁打一杆桩，用绳将树干绑在杆桩上，绑缚位置在树高 1/3 或 2/3 处，支架与树干间要垫衬软物，防止勒伤树皮。带土球树木采用扁担式、三角桩或井字桩固定。

4. 树体裹干

常绿乔木和干径较大的落叶乔木，栽后需要用草绳、蒲包、苔藓等具有保湿保温性的材料进行包裹，严密包裹主干和比较粗壮的（一）二级分枝。树体裹干可避免强光直射和干风吹袭，减少枝、干水分散失，保持枝干湿润；调节枝干温度，防止夏季高温和冬季低温对枝干的伤害。

日前生产上亦有冬季用塑料薄膜裹干保温保湿，但应注意在树体萌芽后要及时撤除，以免引发高温，灼伤枝干、嫩芽或隐芽，对树体造成伤害。施工过程对树干上皮孔大、蒸腾量大的树种如樱花、鸡爪槭等，香樟、广玉兰等常绿阔叶树栽后枝干包裹的强度要大些，以提高成活率。

5. 搭架遮阴

大树移植初期或是在高温季节栽植，要搭棚遮阴，以降低树冠温度，减少树体水分的蒸发。树木成活后根据生长情况和季节变化，逐步撤除遮阳物。体量较大的乔、灌木树种，要全冠遮阴，阴棚上方及四周与树冠保持 30 ~ 50 厘米间距，以保证棚内的空气流动，防止树冠发生日灼危害。一般遮阴度为 70% 左右，使树体可接受一定的散射光，保证树体光合作用的进行。成片栽植的低矮灌木，可打地桩拉网遮阴，网高要距树冠顶部 20 厘米，保证透气。

俗话说“三分种植，七分养护”，由于园林绿化工程受到季节的限制，树木的种植施工时间短，而施工以后随之而来的则是经常而长期的养护管理工作。为达到园林树木理想的景观效果，只有不断加大后期养护管理力度，才能使城市中绿化树木得以保存，使得城市的美好环境得以保证，更是为人民群众的身心健康提供了有力保障。

第三节 园林树木的整形修剪

一、园林树木整形修剪的作用和依据

园林树木的整形修剪是园林树木养护管理中的重要措施，广泛应用于园林树木的培养与盆景的艺术造型和养护。在园林绿化生产中，园林植物管理过程会出现只重视抚育管理，忽略园林植物整形修剪，任其自然生长，致使城市行道树和景观植物无形不稳、生长随意，观赏价值大大降低，不能起到美化环境的作用。只有通过合理的整形修剪，才能促进园林树木生长健壮，适时开花结果，并形成各种优美的艺术造型，提高园林树木的观赏价值。

（一）园林树木整形修剪的作用

1. 整形修剪的概念

整形就是根据树木的生物学特性或人为意愿，结合当地的自然条件、观赏要求，采用剪、锯、曲、拉等手段，将树木修整成各种优美的形状与树姿。修剪是在整形的基础上，对园林树木的某些器官（芽、枝干、叶、花、果、根）进行疏剪或短截，以改善通风透光条件、调节生长与结果的技术措施。修剪是手段，整形是目的。

园林树木养护管理中的修剪分为常规修剪和造型修剪两类。常规修剪就是在树木自然形态的基础上，按照“多疏少截”的原则，及时进行抹芽除萌、摘心，疏除内膛枝、交叉枝、重叠枝、下垂枝、病虫枝、枯死枝、衰弱枝及徒长枝，合理短截骨干枝，调节树冠内膛的通风透光条件，使树冠圆满紧凑。造型修剪就是采用剪、锯、扎等手段，将树冠整修成特定的形状，使树冠表面平整圆滑，不露枝干和捆扎物。

2. 整形修剪的目的与作用

在园林绿化生产中，未经修剪的园林树木往往树形紊乱，会出现偏冠、树冠发育不均衡等现象，导致观赏性降低，因此在园林树木的养护管理中，有必要对园林树木进行整形修剪。

（1）整形修剪能提高园林树木移栽的成活率

大树移植或大规格苗木栽植时，为了减少苗木蒸腾失水，维持树体内的水分平衡，促进移栽成活，在栽植时要剪除过多的小侧枝、损伤枝，保留骨干枝。

（2）调节树木生长势

树木通过修剪，可使水分、养分集中供应留下的枝芽，促使局部生长；若修剪过重，对树体又有削弱作用，因而可以通过“抑强扶弱”的修剪措施来恢复或调节均衡树势。对潜伏芽寿命长的衰弱树、活古树，适当修剪，结合施肥、浇水，促使潜伏芽萌发，进行更新复壮，增强景观效果。

（3）调整树体结构，美化树形

中国园林属于自然园林范畴，树形以自然为美，但因环境和人为的影响，使树形遭到破坏，通过整形修剪，树冠内枝条排列有序、错落有致，互不干扰，使树木的自然美与人工整形后的艺术美揉为一体，使园林建筑的艺术美与树木的自然美进一步发挥出来。

（4）协调园林树木与环境的关系

在园林景观的许多环境中，园林树木有时主要和某些景点或建筑小品相互衬托，因此不需要过于高大，就要通过整形修剪，及时调整树木与环境的比例，达到良好的效果。对树木本身来说，通过整修可以控制植株一定的形体与高度，协调树冠比例，确保其观赏需要。

在城市中，由于市政建设设施复杂，常与树木发生矛盾，尤其是行道树上面架有电线，地面上人流车辆问题。为保证树木上下不摩擦架空电线，不妨碍交通，就要定期进行检查，及时修剪，解决出现的问题。

（5）促进园林树木开花结果，提高观赏性

对观花、观果植物，正确修剪可使养分集中到保留的枝条，促使短枝和辅养枝上形成较多花芽，达到花繁叶茂、果大色艳的目的。通过整形修剪，还可以调节树木生长节律，促控开花结果，达到提早或延迟开花结果，花色更艳、果实更大等观赏效果。

（6）改善树冠内的通风透光条件

自然生长的树木，往往枝条密生，树冠郁闭，内膛枝细弱老化、枯死，树冠顶部枝密、叶茂，下部或内膛光秃。通过修剪，疏除树冠内的过密枝、枯死枝、细弱枝、病虫枝、交叉枝、重叠枝，使树冠内通风透光良好，下部和内膛枝条生长健壮，有利于形成花芽，开花结果，减少病虫害发生，提高树木的观赏性，延长观赏年限。

（7）调节树体各部分间的均衡关系

修剪可以调节园林树木地上部分与地下部分、园林树木器官间、同类器官间的关系。园林树木的地上部分与地下部分是一个统一的整体，地上部分的生长依赖于根系吸收合成的营养，而根系生长则依赖于地上部分光合产物的供应。两者保持一种动态平衡。任何一部分的增强与减弱，都会影响另一部分的强弱。整形修剪的目的就是平衡两部分的关系。

修剪来调节枝叶之间、花果之间及枝叶与花果等器官的关系，维持营养器官与生殖器官、同类器官间的协调；生产中根据园林树木的观赏部位、观赏季节进行修剪，提高园林树木的观赏价值，延长观赏期，使其发挥最大的观赏功能。

（二）园林树木整形修剪的依据

园林树木因树种、品种、树龄不同，其生长发育情况不同，同时自然条件和管理水平不同，其生长强弱表现也不同。因此，园林树木的整形修剪应综合考虑以下因素。

1. 园林树市在园林中的功能

园林中树木应用的目的不相同，对整形修剪的要求也不同，即使同一种树木在不同的景观中，其修剪方法也不同。要依据园林植被的生态功能和树木栽植的目的进行修剪。自然式植被的园林生态景观，修剪时就要顺其自然生长，保持与维护自然的树姿、树形；在特定位置如假山上、水边的植物，有时就需要整形修剪成单面倾斜形；若是规则式园林景观，就要按照环境的风格将树木相应整修成几何形、动物形或花瓶、螺旋等各种特定形状的树形。

2. 树种、品种的特性

园林树木的树种和品种不同，其分枝方式和生长结果习性就不同，因而整形修剪就要因树而异，相应调整。如杨树、雪松、云杉等树种，单轴分枝、树体高大、有明显的中心干，所以在整形时应保留中心干，加强树势，培养的树形多为尖塔形、圆锥形、圆柱形。桃、杏、李等树冠开张，无中心干，树体较矮小，整形时应采用无中心干的树形。同一树种，不同品种的成枝力、萌芽力、修剪反应差异很大，在修剪时，短截、回缩、疏枝等修剪方法的应用也不同。龙爪槐、垂榆等枝条弯曲下垂的树种，采用盘扎或自然下垂方式，培养成伞形或垂枝形树冠。

3. 自然条件和管理技市

自然条件和栽培技术不同，对同一树种和品种生长发育会产生不同的影响。因此在整形修剪时，必须考虑当地气候、土壤及管理条件。在生长期长、高温多雨、地势平坦、土层深厚肥沃、肥水充足的地方，园林树木生长旺。对整形修剪反应比较敏感的树种，宜采用高干树冠，修剪要轻，多疏少截，层间距要大些。相反，生长季短，寒冷干旱，土壤瘠薄，肥水不足的山地、沙荒或地下水位高的地方，树木年生长量小，宜采用矮干低冠，层间距可小些，修剪稍重些，多短截，少疏枝，保证树体有一定的枝量，使树体枝条健壮。

4. 树龄树势

园林树木在不同的年龄时期生长势强弱不同，整形修剪时要根据树体生长发育情况选择适合的修剪方法。根据各树体、枝条的生长情况，采用不同的修剪方法，调节生长。一般幼树生长旺盛，枝条直立，树冠扩大快，整形修剪时要注意培养牢固的骨架，修剪量要轻，多留辅养枝，轻剪长放，促使其适龄开花结果。已开花结果的树，要调节生长与结果的矛盾，以有利于开花结果为目的，对强枝应多疏少截，适当减少枝量，缓和生长，促进开花结果；对弱枝则要少疏多截，减少结果，促进生长，相对增加枝量，延长观赏年限。

5. 修剪反应

园林树木修剪后，植株的反应是园林树木生长结果特性在一定自然条件下的表现。修剪反应要从两方面看：一看局部反应，观察具体修剪方法对局部枝条生长、花芽形成、开花结果多少、果实大小以及根系生长情况的影响；二看全树反应，如全树总生长量，新梢年生长量，全树枝梢的充实程度等。通过调查了解历年修剪反应，明确修剪是否恰当，有利于在以后的修剪中根据树体生长情况调整修剪方法，以获得较好的效果。

6. 植物的观赏功能和特点

园林植物的修剪要考虑其观赏功能，对观花、观果树木，为保证花繁果大，调节大小年，对成年大树，修剪时要根据树冠内开花结果量，合理修剪，调节花芽量，使花大而艳、果型规整；对观叶、观茎类植物，要适当疏除过密枝、枯死枝、病虫枝、交叉枝和重叠枝，短截骨干枝，保证树体健壮，叶大而色深，姿态优美，并延长园林树木的观赏年限。

二、园林树木的整形方式

一般根据园林植物个体和群体结构的不同，园林树木常用的整形方式有自然式、规则式和混合式三种。

（一）自然式整形

自然式整形是在保持树木原有的自然冠形的基础上适当修剪。自然式整形能体现园林的自然美，施工方便省事，只对枯死枝、病弱枝和少量干扰树形的枝适当处理，维持树木的自然树形。它是园林绿地中应用最为普遍的整形方式。自然式整形适宜于自然树形优美、萌芽力和成枝力弱的树种，庭荫树和园景树。自然式整形常见的树形有：

塔形：雪松、水杉、落叶松等；

圆柱形：塔柏、杜松、龙柏等；

卵圆形：苹果、紫叶李、桧柏、加拿大杨等；

倒卵形：千头柏、刺槐等；

长圆形：玉兰、海棠等；

圆球形：黄刺玫、榆叶梅、元宝枫、栾树等；

垂枝形：垂柳、垂枝榆、垂枝桑等；

伞形：龙爪槐、合欢、垂枝桃等；

丛生形：玫瑰、棣棠、贴梗海棠等；

拱枝形：连翘、迎春等；

匍匐形：铺地柏、偃松、偃桧等。

（二）规则式整形

规则式整形是根据园林景观的特殊需要，将园林植物修剪成各种规则的几何形体。规则式整形未按园林植物的生长特性进行整形，经过一段时间的生长后，新抽生的枝叶会破坏原修剪的树形，需要经常修剪，造型需要的时间长，维护成本高。规则式整形适用于耐修剪、萌芽力和成枝力都很强的树种和绿篱植物。常见的规则式整形如下。

1. 几何形体

正方体、长方形、杯形、圆柱形、开心形、球体、半球体、圆锥形、圆台形、三角形、梯形等。几何形体式整形方式适用于萌芽力与成枝力均很强，并且耐修剪的树种。

2. 不规则的各种形体的整形

（1）垣壁式

在欧洲古典园林中经常可以见到此种整形方式。主要是为了绿化墙面。常见的有 U 字形、叉形、肋骨形和扇形。这种整形，首先要培养一个低矮的主干，在其干上左右两侧呈对称或放射性配置主枝，并使枝头保持在同一平面上。

（2）雕塑式

选择枝条茂密、柔软、枝叶细小而且耐修剪的树种，通过用铅丝、绳索等用具，蟠扎扭曲等手段，按照一定的物体造型，由其主枝、侧枝构成骨架，然后通过绳索的牵引将小枝紧紧抱合，或者直接按照仿造的物体进行细致的整形修剪，从而整剪成各种雕塑形状。常见的有建筑形式（亭、廊、楼等）、动物形式（孔雀、鸡、马、猴、大象等）、人物形式、古桩盆景等。

（三）混合式整形

混合式整形是自然与规则混合的整形，是根据树木的生物学特性及对生态条件的要求，将树木整形修剪成与周围环境协调的树形，混合式整形修剪在花木类中应用最多。常见的混合式整形有：自然杯状形、自然开心形、多主干形、多主枝形、有中干形等。

1. 无主干形

（1）自然杯状形

自然杯状形是杯状形的改良树形，杯状形即是“三股六叉十二枝”。

（2）自然开心形

自然开心形是自然杯状形的改良和发展，一般留主枝 3 个，也有 2 个或 4 个。主枝在主干上错落着生。这种整形方式比较容易，符合树木的自然发育规律，生长势强，骨架牢固，立体开花。园林生产中干性弱，强阳性树种多采用此种整形方式。

（3）多主枝形和多主干形

多主枝形和多主干形这两种整形方式基本相同，区别是具有低矮主干的称为多主枝形；无主干的称为多主干形。海棠类多采用此种整形方式。

（4）丛球形

丛球形整形方式与多主干形或多主枝形相近，只是主干极短或无，留枝较多，呈丛生状。该形多用在萌芽力强的灌木类，如黄刺玫、珍珠梅、贴梗海棠、厚皮香、红花继木等。

（5）棚架形

棚架形是藤本植物常用的整形方式。如凌霄、紫藤等。

2. 有主干形

（1）分层形

分层形是主枝在主干上分层配置，层与层之间留有一定的层间距，每层的主枝最好是邻近，不要邻接。

（2）疏散形

疏散形与上面的分层形整形方式不同的是其主枝配列在中干上是随意的。

三、园林树木修剪的时期与方法

（一）园林树木修剪的时期

园林树木的修剪一年四季都可进行，但正常养护管理中的修剪时期因树木特性、天气状况、修剪的目的等而定，一般分休眠期修剪（冬季修剪）和生长期修剪（夏季修剪）。

1. 休眠期修剪（冬季修剪）

休眠期修剪又叫冬季修剪，落叶树的休眠期修剪是从秋季落叶后至第二年春萌芽期间的修剪（一般在 12 月至翌年 2 月）。休眠期园林树木生理活动微弱，生长暂时停止，这个时期修剪对树木的损伤较小，是树体培养的良好时机。具体的修剪时期要因树木种类而异，区别对待。春季开花的花灌木，修剪要适度，只剪除无花芽的秋梢，不可重剪，以免影响第二年开花。对当年生枝条上开花的花灌木，如月季、扶桑等应当重剪，以使其来年多开花，多结果。一般落叶花灌木的修剪，要在落叶后进行，以避免花木营养损失过大。

核桃因枝条髓部较大不易愈合，在秋季采收后落叶前带叶修剪为宜；葡萄春季伤流严重，必须在休眠后、2月以前修剪。在严寒地区，葡萄在秋冬下架防寒前修剪。

常绿树虽无明显的休眠期，但冬季生长缓慢，是培养树体和调整枝叶的良好时期。

2. 生长期修剪（夏季修剪）

生长期修剪又叫夏季修剪，落叶树木从春季萌芽至秋冬落叶前或常绿树木从春季萌芽到晚秋梢停止生长前期间的修剪（一般在4月至10月），这一时期修剪的主要目的是改善树冠通风透光条件。生长期修剪主要是解决冬季修剪不易解决的问题，主要内容包括抹芽除萌、摘心、扭梢、拉枝等。生长期修剪要严格掌握修剪时期，修剪量要轻，防止修剪过重影响树体生长。冬剪时留下准备夏剪的枝条，一定要进行夏剪，防止矛盾积累以致难以调节。具体修剪的日期应根据当地气候条件及树种特性而不同。如对观花果树修剪，要剪除内膛枝、直立枝、无用徒长枝、过密交叉枝、衰弱下垂枝及病虫枝等，使营养集中于骨干枝，有利于开花结果。绿篱夏季修剪主要保持整齐美观。其他园林树木的修剪，则根据功能要求进行不同形状的整形修剪。

（二）园林树木修剪的方法与作用

园林树木修剪的方法有短截、疏枝、回缩、缓放、抹芽除萌、摘心、弯枝、扭梢、拿枝软化、环刻等。

l. 短截

短截是指将一年生枝剪去一部分，短截的作用是促进抽枝，刺激剪口芽萌发，对枝条有局部刺激作用。按短截长度不同分为轻短截、中短截、重短截和极重短截四种。

（1）轻短截

轻短截是剪去枝条的1/5 ~ 1/3，截后形成较多的中、短枝，单枝生长较弱，母枝加粗生长快；可缓和枝势，有利于形成花芽。

（2）中短截

中短截是在枝条中部以上春梢中上部饱满芽处剪截，剪去枝条的1/3 ~ 1/2。截后形成较多的中、长枝，成枝力强，长势强，可促进枝条生长。一般用于各级骨干枝延长枝或复壮枝势。

（3）重短截

重短截是在春梢中下部半饱满芽处剪截，剪去枝条的2/3 ~ 3/4。多用于缩小树体，改造徒长枝和竞争枝。

（4）极重短截

在枝条基部留2 ~ 3个瘪芽剪截，剪后可在剪口下抽生1 ~ 2个细弱枝，有降低枝位、削弱枝势的作用。多用于直立枝或竞争枝的处理，培养紧凑型小枝组。

2. 疏枝

疏枝是将枝条从基部剪去叫疏枝。疏除对象有病虫枝、干枯枝、无用的徒长枝、过密的交叉枝和重叠枝，以及外围过密的发育枝和辅养枝等。

疏枝的作用是改善树冠通风透光条件，提高叶片光合效能，增加养分积累。疏枝对全树有削弱生长势的作用。疏枝时要去强留弱，疏枝量较多，则削弱作用大；尤其疏除大枝要分期疏除，一次或一年不可疏除过多。

3. 缩剪

缩剪是对多年生枝短截，也叫回缩。将延伸过长的枝从多年生分枝处剪截称缩剪；由上向下剪截的技术叫压缩。多用于骨干枝、枝组的更新以及控制树冠辅养枝等，起到更新复壮的作用。

4. 缓放（长放、甩放）

缓放是指对一年生枝条不剪。缓和枝条的生长势，促进花芽的形成。多用于幼旺树以缓和树势，促进开花结果。

5. 抹芽除萌

抹芽除萌是指在生长季节抹去疏枝后的剪锯口周围、双芽枝节上过多的嫩梢及根部产生的萌蘖。减少养分的消耗，有利于花芽的形成。

6. 摘心

摘心是指生长季节摘去新梢顶端的嫩梢部分。摘心时期不同，作用差异很大。新梢旺盛生长期摘心，有利于分枝，形成二次枝；新梢缓慢生长期摘心，可促进花芽分化和形成，提高坐果率；秋季摘心，可促进枝条及时结束生长，提高树体的越冬性。

7. 拉枝

拉枝是指改变枝梢的生长方向，缓和枝条生长势。拉枝可开张骨干枝的角度。拉枝后会出现直立的旺枝，应及时抹芽。

8. 扭梢和拿枝

扭梢是在生长季节将直立的旺梢基部半木质化部位向下扭转 180°。拿枝是指用手对旺梢从基部捋一捋，伤及木质部，响而不折。扭梢、拿枝都可阻碍养分运输，缓和生长，促进花芽形成、提高坐果率和促进果实发育。

9. 刻伤

在枝或芽附近刻伤至木质部。春季芽萌发前在芽的上方刻伤，可以促进芽的萌发，用于缺枝部位的补空。新梢旺长期在枝的下部刻伤，可抑制新梢旺长，促进花芽形成。

10. 环剥

环剥是在果树生长期内将其枝干的韧皮部剥去一环，以阻碍养分的输送，调节环剥以上枝叶的生长，从而缓和生长势，促进花芽分化。

环剥的时间：以促进花芽分化为目的，可在新梢旺盛生长期进行；提高坐果率，可在花期或花前进行；控制旺长，可在萌芽前进行；诱导基部枝条萌发，则应在萌动前高位环剥。

环剥宽度、深度：适宜的环剥宽度一般为环剥枝干粗度的 1/10。直立旺枝可适当加宽至 5 厘米左右，以使剥口能在 20 ~ 30 天愈合为好。环剥的适宜深度以剥除韧皮部而不伤木质部为宜。

环剥后要及时护理：环剥口可用塑料薄膜带包扎，或用多菌灵、托布津、石硫合剂涂抹，以防水防病，确保剥口及时愈合。环剥后 7 天全树喷布 1 次 0.3% 尿素和 0.3% 磷酸二氢钾，隔 10 天后再喷一次，以防叶片变黄和脱落。

园林树木的整形修剪技术，应针对生产中存在的问题进行综合分析，依据修剪的作用、时期、程度和方法，采取有利于园林树木生长和开花结果的措施，做到适用、灵活、有效、合理。

四、园林树木修剪的程序和注意事项

（一）园林树木修剪的程序

在园林绿化管护中，为了防止漏剪、错剪或修剪不当，影响树木的生长或降低观赏价值，因而在树木修剪时严格按照“一知、二看、三剪、四查、五处理、六保护”的程序进行修剪。具体要求如下。

一知：修剪者要知道树木整形修剪的操作规程、技术规范以及一些特殊的要求，了解操作要求，避免剪错。

二看：修剪前应绕树进行仔细的观察，了解树体的生长习性、枝芽的特点、冠形特点与园林功能，确定树龄树势、修剪反应，做到因树因枝修剪。

三剪：按照要求或规定进行有序修剪，切忌无序乱剪，导致树冠杂乱无章。一般修剪顺序应按照“先大枝，再小枝”“先主、侧枝上部起，向下依次进行”，对一株树而言，按照“由基到梢、由内及外”的顺序来剪。

四查：修剪后检查修剪是否合理，有无漏剪或错剪枝条，再进行修正或补剪。

五处理：修剪后对剪口要进行修整、涂漆，避免病菌入侵或发生冻害。对剪下的枝叶、花、果要集中处理，发育健壮的枝条可选作插条和接穗，合理贮运；其余的废物要及时清理，病虫枝要烧毁或深埋，不可拖放过久，以免影响市容或引起病虫蔓延。

六保护：修剪后对大剪口要修平，涂抹防腐剂。如保护蜡（松香、黄蜡、动物油按5 ∶ 3 ∶ 1熬制而成）和豆油铜素剂（豆油、硫酸铜、熟石灰按1 ∶ 1 ∶ 1制成）。

（二）园林树木修剪的注意事项

（1）制定修剪方案

根据树体生长状况、修剪目的及要求，确定修剪方案。修剪方案包括修剪时间、人员安排、工具准备、枝条处理、现场安全等。对古树、珍贵的观赏树木，修剪前要咨询专家的意见或在专家的指导下进行修剪。

（2）培训修剪人员，规范修剪程序

修剪前必须对修剪人员进行岗前培训，使他们掌握操作规程、技术规范、安全要求等。

（3）锯口应平齐，不劈不裂

锯大枝时，为避免锯口劈裂，可先在锯口位置稍向下处枝的下方由枝下向上锯一切口。切口深度为枝干粗的1/5 ~ 1/3，然后从上向下锯断，就可以防止枝条劈裂。常绿针叶树，锯除大枝时，应留1 ~ 2厘米短桩（茬）。

（4）在建筑及架空线附近

截除大枝时，应先用绳索，将被截大枝捆吊在其他生长牢固的枝干上，待截断后慢慢松绳放下。以免砸伤行人，建筑物和下部保留枝干。

（5）截去轮生枝之一

或截去枝与着生枝粗细相近者，不要一次齐枝基截除，而应保留一部分，应分次逐年截除。

（6）剪截口较大时

要将剪口削平，并涂抹防腐剂保护，以防水分蒸发或病虫危害。

五、园林树木整形修剪的工具

（一）修枝剪

1. 普通修枝剪

普通修枝剪用于直径 3 厘米以下的枝条的剪截，使用时将需修剪的部位放入剪口，一手握剪用力，一手将枝条向剪口厚的一侧猛压，即可将枝条剪断。

修枝剪买回后要调节双剪防止过松或过紧，并开刃磨快后才能使用。使用后应及时擦除灰尘、水珠及垃圾，涂上防锈油。若长期不用，要涂上黄油、保护液等，存入干燥库房。

2. 长把修枝剪

长把修枝剪主要用于灌木顶部的枝条的短截。没有弹簧，手柄很长。

3. 电剪刀

电剪刀用于剪截直径 2 厘米硬枝（黄扬、松柏、紫薇等）至 30 厘米软枝（葡萄枝）。使用灵活，维护简单。修剪后拉近绿篱的自然状态，形成的树冠面积较大，修剪面整齐美观。生产效率是手工剪刀的 2 ~ 3 倍，可减轻工人的劳动强度，降低生产成本。

4. 高枝剪锯

高枝剪锯具有高枝剪和高枝锯双重功能，主要用于绿化树木高处细枝的修剪。它装有一根能够伸缩的铝合金长柄，可根据修剪的高度来调整。在刀叶的尾部绑有一根尼龙绳，修剪是靠猛拉尼龙绳来完成的。在刀叶和剪筒之间装有一根钢丝弹簧，放松尼龙绳时，可以使刀叶和镰刀形固定剪片自动分离而张开。但高枝剪短截时，剪口的位置往往不够准确。为修剪树冠上部的大枝，在刀叶一侧用螺丝固定一把高枝锯。

（二）大平剪

大平剪又称绿篱剪，用于绿篱修剪和球形树及造型树的植株造型。大平剪的条形刀片很长、很薄，一次可剪掉一片枝梢，可将绿篱顶部和侧面修剪平整。绿篱剪刀片薄，只能用来修剪嫩梢，而不能用于充分木质化的粗枝的修剪。

使用时双手正握双柄中部，按绿篱高度合力剪下，并适时调节双剪支点处螺帽，控制双剪面。使用后要及时擦掉灰尘及水珠，若长时间不用时要涂上黄油、保护液，置于干燥库房保存。

（三）修枝锯（手锯）

用于锯除剪刀剪不断的枝条。使用前检查手柄与锯条的接口螺丝是否拧紧，用锉刀先将锯齿挫锋利。锯枝条时，用力要均匀。夹锯时，从锯口处轻轻抽出锯子，从别处继续锯。手锯使用完毕后，要及时清洁锯面、锯齿。长时间不用时要涂上保护液，置于干燥处保存。

1. 单面修枝锯

单面修枝锯用于截断树冠内的一些中等枝条。锯上有弓形的细齿，锯片很狭窄，可伸入树丛中去锯截，使用方便。

2. 双面修枝锯

双面修枝锯用于锯除粗大的枝。锯片两侧都有锯齿，一边是细齿，一边是粗齿。在锯除枯死的大枝时用粗齿，锯截活枝时用细齿，以保持锯面的平滑。操作时用双手握住锯把上椭圆形孔洞，增加锯的拉力。

3. 刀锯

刀锯是木匠用的锯。园林修剪剪除较粗的枝条时，若没有双面修枝锯也可用刀锯。

（四）绿篱机

绿篱机又称绿篱剪，用于公园、庭园、路旁树篱等园林绿化方面专业修剪。通常有手持电动机、手持式小汽油机、车载大型机等。绿篱机是指依靠小汽油机为动力带动刀片切割转动的，目前分单刃绿篱机和双刃绿篱机。主要包括汽油机、传动机构、手柄、开关及刀片机构等。

（五）梯子或升降机

梯子或升降机用于高大树木的修剪。

（六）果岭机

果岭机用于高尔夫球场草坪的修剪。通常有手扶果岭机和坐式果岭机两种。

果岭机操作过程需配备安全带、安全绳、大绳、小绳、安全帽、工作服、手套、胶鞋等劳保用具。

六、不同类型园林树木的整形修剪

园林树木的整形修剪是园林树木养护管理的一个重要环节，通过修剪调整树形，均衡树势，改善树木的通风透光条件，调节树体内的养分分配，调整植物群落之间的关系，促使树木生长健壮。园林绿化生产中乔木和灌木的修剪，通常是以自然树形为主，按照观赏要求，根据树木生长发育的特性对树木整形，将树冠修成一定形状。

（一）乔木植物整形修剪

乔木植物的修剪主要剪除徒长枝、病虫枝、交叉枝、并生枝、下垂枝、扭伤枝以及枯枝和烂头。

1. 松柏类的整形修剪

园林绿化中对松柏类树种一般不修剪整形，多数采用自然树形，每年只进行常规修剪，疏除枯枝、折损枝及扰乱树形的枝条。

（1）剪除主梢附近的竞争枝

松柏类树种一般顶端优势较强，主枝多呈轮生状或近轮生状排列，顶梢附近如有较强的侧枝与主梢竞争时，必须对竞争枝进行短截，削弱其生长势。每层轮生主枝应分布均匀，各层轮生主枝间应保持一定间隔，对重叠枝、平行枝和过密枝应及时回缩修剪，使树形疏密匀称，美观大方。

（2）剪除树干基部的裙枝或干枯枝

对针叶行道树，可进行提干修剪，剪除树干基部的裙枝或干枯枝，但要注意一次不宜修剪过重，剪口要稍离主干，防止伤口流胶过多，影响树势。

（3）保持中心干的生长优势，维持良好的冠形

园林中的孤植针叶树，除特殊要求外，绝大多数均留有中心干，因其萌芽率较低，故应保护好中心干，特别是松树类，如果中心干延长枝损伤，就不能形成良好的树形，而失去观赏的价值。

（4）冠形损伤树的补救

对油松、雪松、云杉、冷杉等枝条轮生的树种，如因机械损伤、风害、雪害或病虫害等导中心干延长枝折断，可从最上一轮主枝中选一个健壮的主枝，将其扶直，在中心干上绑一个粗细适度的棍子，将选留预备代替中心干延长枝的枝条与棍子的上方一起绑直，使枝条向上，然后将顶部一轮其余枝条重剪，再将其下面的一轮枝条轻剪回缩，就可逐渐培养出新的中心干领头枝，恢复冠形和观赏价值。

2. 行道树

行道树是城市道路绿化的骨架，它将城市中分散的各类绿地有机地联系起来，构成美

丽壮观的绿色整体；行道树既能反映城市的面貌，又能呈现出地方的特色，还有组织交通的作用，直接关系到人们的身心健康。

第一，行道树修剪本着去弱留强的原则，及时疏除病虫枝、衰老枝、交叉枝、冗长枝等，保证通风透光，旺盛生长。在生长季树干上萌生的枝条在木质化前要及时抹掉，否则会在树干上留下疤痕，有碍于美观，并且木质化后再剪除，伤口愈合处常会出现萌蘖枝丛生的现象。行道树的枝条与架空线距离超过园林单位规定的标准时，立即进行修剪，以免发生危险。

第二，行道树一般采用自然树形，中心干较强的行道树一般栽植在道路比较宽或上面没有架空线的街道上；中心干不强的行道树通常栽植在比较窄或上面有架空线的街道上。有架空线区域的行道树，为解决架空线的矛盾，可采用杯状形，可避开架空线，每年除冬季修剪外，夏季随时剪去触碰电线的枝条。（枝干与电话线垂直距离 1 米，与高压线垂直距离 1.5 米）。

第三，行道树下缘线要整齐，下缘线高度要控制在机动车高度以上，一般以 3.0 ~ 4.5 米为宜。行道树要求主干通直，并且主干的高度与街道的宽窄有关，街道较宽的行道树，主干高度以 3 ~ 4 米，街道窄的主干应为 3 米左右；公园内的园路树或林荫路上的树木主干高度以不影响游人行走为原则，通常枝下高在 2 米左右。并且要求主干高度和分枝点基本一致，树冠整齐，装饰性强。

第四，行列式栽植的行道树下缘线整齐，下缘线高度要控制在行人及非机动车高度以上，一般以 2.5 ~ 3.5 米为宜。

第五，及时纠正偏冠，保持树冠冠形的整齐一致。疏剪过密枝，使树冠内分枝均衡，通风透光。要注意树冠不宜覆盖全部路面，道路中间高空要留有散放废气的空隙。

第六，疏除过多的花序及果实，保持树体营养生长旺盛。

3. 庭荫树

庭荫树是以遮荫为主要目的的树木。又称绿荫树、庇荫树。在庭院、园林绿地以及风景名胜区中孤植或对植，以遮蔽烈日，创造舒适、凉爽的环境。庭荫树在园林绿化中的作用，是为人们提供一个阴凉、清新的室外休憩场所。由于庭荫树枝干苍劲、荫浓冠茂，无论孤植或丛栽，都可形成美丽的景观。庭荫树种主要为枝繁叶茂、绿荫如盖或兼备观叶、赏花或品果效能的落叶树种以及部分枝疏叶朗、树影婆娑的常绿树种。热带和亚热带地区多选常绿树种，寒冷地区以选用落叶树为主。适合当地应用的行道树，一般也宜用作庭荫树。

第一，庭荫树一般以自然式树形为宜，不需细致修剪，通常只进行常规修剪，在休眠期间将过密枝、伤残枝、枯死枝、病虫枝及扰乱树形的枝条疏除，培养健壮、挺拔的姿态，给人以健康、整洁的观感。也可根据需要进行特殊的造型和修剪，以发挥更佳的观赏效果。

第二，庭荫树整形修剪时，主干高度无严格的规定，但要与周围环境条件相适应，一般以游人能够在树下自由活动为度，主干高多为 1.8 ~ 2.0 米。植在山坡或花坛中央的观赏树主干可矮些（一般不超过 1.0 米）。树木定植后，尽早将树干上 1.0 ~ 1.5 米以下的枝条全部剪除，以后随着树体的长大，逐渐疏除树冠下部的侧枝。

第三，庭荫树和孤植树的树冠应尽可能大些，以最大可能发挥其遮阳作用。树冠太小，会影响树木的生长，对一些树皮薄的种类还有防止树干日灼的作用。一般认为，以遮阴为目的的庭荫树，冠高比以 2/3 以上为最佳，以不小于 1/2 为宜。

4. 片植乔木

第一，片植乔木修剪以自然树形为主。

第二，对杨树、油松、法桐、银杏等单轴分枝的树种，在修剪时尽量保护中央领导枝。如果出现竞争枝（双头枝），选生长强壮的留下，疏掉另一个。如果领导枝枯死或折断，选一个较强侧枝培养，使其成为中央领导枝。适时修剪主干下部的侧枝，逐步提高其分枝点，最后达到合理高度。

第三，合轴分枝式的乔木，如：国槐、栾树等要控制中心干的竞争枝，主干控制在 2.5 米以上，为使片林呈现丰满的林冠线，林缘分枝点应低于林内，林间树木及时剪除干枯枝和病虫枝。

5. 古树名木

古树名木以保持原有树形为原则，修剪衰老枝、枯死枝、病虫枝，保持树冠通风透光。严重衰老的树冠应重剪，回缩换头，促使其萌发健壮的新枝。

（二）花灌木的修剪

花灌木的修剪应使枝叶繁茂，分布匀称；有利于通风透光，促进短枝和花芽形成。修剪应遵循“先上后下，先内后外，去弱留强，去老留新”的原则。

1. 新植灌木的修剪

裸根移植的灌木，栽前要进行强修剪，以保证成活；带土球的珍贵灌木，如紫玉兰等，栽植前可轻剪；当年开花的花灌木，要剪除花芽，以利于成活和生长。

（1）有主干的灌木或小乔木

如碧桃、榆叶梅等，修剪时应根据需要保留一定主干高度，选留 3 ~ 5 个方向合适、分布均匀、生长健壮的主枝短截 1/2 左右，其余疏掉。如有侧枝疏去 2/3，留下的短截，其长度不能超过主枝的高度。

（2）无主干灌木（丛生型）

如玫瑰、黄刺玫、连翘等，自地面分生出数个粗细相近的枝条，选 4 ~ 5 个分布均匀、生长正常的枝短截 1/2，作为主枝。其余疏去，并剪成内高外低的圆头形。

2. 正常养护灌市的修剪

园林生产中，有主干灌木或从生型灌木的冬季修剪，一般采用自然丰满半圆球形树形，使植株保持内高外低。丛生灌木保持适量健壮主枝，使灌丛保持整齐均衡。疏剪灌丛中央枝上的小枝，改善树冠内的通风透光条件；短截外围丛生枝及小枝，促发斜生枝。株龄较老时，应有计划疏除老枝、培养新枝。随时疏剪灌丛内的干枯病虫枝、细弱枝等。短截突出灌丛外的徒长枝，使根盘小主枝旺，控制灌丛密度。

（1）观花观果类

①早春开花类

花芽是在上一年夏秋分化的，花芽多着生在一年生枝上的灌木，如迎春、连翘、海棠、碧桃、榆叶梅、绣线菊、牡丹等，这类灌木的休眠季修剪多数在原有树形的基础上，只进行常规修剪，以改善通风透光条件，减少病虫害的发生，延缓植株的衰老。在花后 1 ~ 2 周内进行花剪复剪，回缩树冠，提高观赏效果。一方面防止结果或形成徒长枝消耗养分；另一方面通过短截促发副梢，使副梢在夏秋形成花芽，为来年开花做好准备。

修剪应注意：调整树体结构，保持长势均衡。具有腋花芽的种类，在花前可以短截花枝，具有顶花芽的种类，花前不能短截花枝 & 对拱形枝条的种类，如连翘、迎春等，虽然其花芽着生在叶腋中，因为人们欣赏的是其拱形的枝条，只能进行疏剪与回缩，不能短截。具有混合芽的种类，短截时剪口芽可以留花芽；花芽为纯花芽的种类，短截时剪口芽必须有叶芽。

②夏秋开花类

花芽分化属当年分化型，在新梢上形成花芽后开花，如八仙花、紫薇、珍珠梅、木槿等，此类灌木的修剪一般在冬季或早春进行。修剪方法主要是短截和疏剪相结合。有些花后需剪去残花，使其养分集中，延长花期，如紫薇通常花期只有 20 多天，去残花后，花期可以延长到 100 多天；珍珠梅、锦带花等还可二次开花。这类树木的花芽大部分着生在新梢的上部和顶端，所以不要在开花前期剪梢。

（2）观枝类

观枝类树种有棣棠枝皮为绿色，红瑞木枝皮为红色，白皮松树皮斑驳奇特，白桦的树干修直、洁白雅致，它们的枝（树）皮的颜色或干形在冬季具有较高的观赏价值。为了延长观赏时间，常在翌年早春芽萌动前进行修剪。这类树木的嫩枝鲜艳，老干的颜色往往较为暗淡，所以每年都要重剪，促发更多的新枝，同时还要逐步去除老干，不断地进行更新。

（3）观形类

观形类很多，落叶树有垂枝梅、垂枝桃、合欢、龙爪槐及鸡爪槭等；常绿树有雪松、龙柏、桧柏、油松等。

这类树主要观其潇洒飘逸的树形，修剪因生长特性的不同而异，垂枝桃、垂枝梅、龙爪槐、垂枝榆短截时要留上芽、留外芽，以使树冠开张；雪松、龙柏、桧柏、油松、合欢、鸡爪槭树成形后只进行常规修剪。

（4）观叶类

①观叶色类

春色叶类：如香椿、石楠、元宝枫、栾树等。

秋色叶类：黄栌、枫树、银杏、山楂、柿树等。

常色叶类：如紫叶李、紫叶碧桃、紫叶小檗、红枫、金叶刺槐、金叶槐、紫叶矮樱等。

②观叶形类

有些树木叶形奇特，观赏价值较高，银杏、马褂木、金钱松等。

观叶形类主要观其自然之美，不要求细致的修剪和特殊的造型，一般只进行常规修剪。

3. 观花灌木控花修剪

为了满足人们对观花植物的观赏期和花量的需求，通常采用修剪调节观花灌木的花期和开花量。

（1）当年枝条上形成花芽并开花的灌木

如月季、玫瑰、木槿、紫薇、珍珠梅、杜鹃、栀子花等，应进行花前复剪，促发壮枝和花芽分化，并使花大、色艳、花期长。对当年多次形成花芽的树种如月季、茉莉等，在天气回暖时可将枝条留在适宜高度，留壮芽进行短截，加强肥水管理。如月季从第一次开花到下次开花一般需 45 天左右，如果在 8 月中旬进行短截修剪可保证国庆节开花。

（2）夏秋形成花芽、第二年早春开花的灌木

如丁香属顶花芽类型，冬季修剪时对健壮枝不能短截。二年生枝条上开花的灌木，冬季修剪主要疏剪内膛细弱枝、下垂枝、病虫枝、干枯枝，对健壮开花枝要根据花芽数量多少，进行短截。花芽少，轻短截，多留花芽开花；花芽多，要中短截，使花大、花艳、花期长。在皇家园林或庙宇园林中，多用疏枝，少用短截，使其树形飘逸自然。

（3）多年生枝开花灌木

如紫荆、贴梗海棠等，应注意培育和保护老枝，培养树形。剪除干扰树形和影响通风透光的过密枝、弱枝、枯枝或病虫枝。

4. 观花兼观果的灌木修剪

金银木、水栒子等观花又观果的灌木应在休眠期轻剪。使幼树扩大树冠，老树缩小树

冠，保持一定的枝量和防止树冠内膛中空。

（三）绿篱类的整形修剪

1. 绿篱的概念及类型

（1）绿篱的概念

绿篱是由萌芽力、成枝力强、耐修剪的灌木或小乔木密集呈带状栽植的种植形式，在园林绿地中，绿篱的应用种类和形式，反映绿地建设的质量和水平。特别是高速公路的快速延伸、花园住宅的开发以及河滨公园、市民广场的落成，都非常重视绿篱的应用。并且随着现代城市化进程的推进，绿篱造型艺术备受关注，绿篱的形式由一般的“平直式”发展到“波浪式、锯齿式、城垛式、纹样式”等。绿篱的宽度也会根据环境的需要，因地制宜地设计出多层次的边缘绿篱。

（2）绿篱的类型

①根据绿篱的高度

将绿篱可分为绿墙，高绿篱、中绿篱和矮绿篱。绿墙是篱高 1.6 米以上，能够完全遮挡住人们的视线；高绿篱是指篱高 1.2 ~ 1.6 米，人的视线可以通过，但人不能跨越而过，多用于绿地的防范、屏障视线、分隔空间、做其他景物的背景；中绿篱是篱高 0.6 ~ 1.2 米，有很好的防护作用，多用于种植区的围护及建筑基础种植；矮绿篱是在 0.5 米以下，作为花镜镶边、花坛、草坪图案花纹等。

②按功能要求与观赏要求

将绿篱分为常绿绿篱、落叶绿篱、花篱、观果篱、刺篱、蔓篱与编篱等。如花篱，花色、花期、花的大小、形状、有无香气等的差异而形成情调各异的景色；果篱，其大小、形状、色彩各异，可招引不同种类的鸟雀。

③根据绿篱的作用

将其分为隔音篱、防尘篱和装饰篱。

④根据绿篱的生态习性

将其分为常绿篱、半常绿篱和落叶篱。

⑤根据绿篱的修剪程度

将其分为自然式绿篱和规则式绿篱。

2. 绿篱的功能

概括起来讲，绿篱具减弱噪声，美化环境，围定场地，划分空间，屏障或引导视线于景物焦点，作为雕像、喷泉、小型园林设施物等的背景的功能件

（1）围护、防范作用

园林中常以绿篱作防范的边界，可用刺篱、高篱或绿篱内加铁丝。绿篱可引导游人进行游览路线选择，按照所指的范围进行参观游览。不希望游人通过的区域可用绿篱围起来。

（2）分隔空间和屏障视线作用

园林中常用绿篱或绿墙进行分区和屏障视线，用以分隔不同功能的空间。这种绿篱最好用常绿树组成高于视线的绿墙。如把露天剧场、运动场与休息区分隔开来，避免相互干扰。在自然式布局中，对局部规则式的空间，可用绿墙隔离，使对比强烈、风格不同的布局形式得到缓和。

园林中常以中篱作分界线，以矮篱作为花境的边缘、花坛和观赏草坪的图案花纹；也可采取特殊的种植方式构成专门的景区；近代的“植篱造景”，是结合园景主题，运用灵活的种植方式和整形修剪技巧，构成有如奇岩巨石绵延起伏的园林景观。

（3）景观背景

园林中常用常绿树修剪成各种形式的绿墙，作为喷泉和雕像的背景。一般情况下，绿墙高度要与喷泉和雕像的高度相称，色彩以选用没有反光的暗绿色树种为宜。而作为花境背景的绿篱，一般要选常绿的高篱及中篱为宜。

在各种绿地中，在不同高度的两块高地之间的挡土墙，且在挡土墙的前方栽植绿篱，进行挡土墙的立面美化。

3. 绿篱造型技术

绿篱造型是根据绿化景观或绿化点、面的要求，规划设计出相应的绿篱造型，使其与周围环境相适应，并起到烘托、美化环境的作用。规则式绿篱造型设计主要考虑绿篱的高度、宽度、绿篱的断面形式、绿篱的层数和绿篱的轮廓走向。混合式绿篱造型设计主要考虑混植树种的种类、混植方式与比例。自然式绿篱主要考虑绿篱树种的选择和株行距的配置，一般应选生长缓慢和以观叶、观花、观果为目的的树种。绿篱造型主要考虑绿篱的屏障性与开放性、绿篱的线性变化、绿篱的顶端造型等。

4. 绿篱修剪

（1）绿篱成型前的整形修剪

绿篱栽植后，立即对主枝和侧枝进行短截，剪去其 1/3；栽后第一年要及时剪去徒长枝；栽后第二年对新枝留 2 ~ 3 个芽进行短截，疏除徒长枝；栽后第三年夏季，轻剪侧枝，重剪顶部枝条，完成整形。

（2）绿篱定型后的修剪

栽后第四年夏季，对萌发的枝条进行修剪，达到预期的形状。具体包括以下内容：清除枯枝；绿篱顶部按目标高度，从左到右顺序匀速修剪，保证顶部在同一水平面上。绿篱侧面修剪要保持其垂直于地面，先修剪中部，后上部，最后再剪下部，沿直线方向移动修剪。为保证修剪面平整，最好在顶部和侧面要达到的部位拉线。

（3）常见几种绿篱的修剪

①自然式绿篱修剪

自然式绿篱一般不进行专门的整形，在栽培养护过程中只需进行一般修剪，剪除衰老枝、枯死枝和病虫枝。自然式绿篱多用于绿墙或高篱。自然式绿篱应选择生长较弱、萌芽力弱的树种。通常小乔木密植时，若不进行规则式修剪，就会长成自然式绿篱。

②规则式绿篱的修剪

规则式绿篱是通过人工修剪，将绿篱修剪成各种几何图案，培养成圆球形、矩形、梯形、拱形或波浪形等造型。规则式绿篱需要定期修剪，以保持外形。

A. 条带状绿篱

一般为直线形，绿篱的断面形状可为梯形、方形、圆顶形、球形等；根据园林设计的要求，也可采取曲线或几何图形。这种形式的绿篱整形修剪比较简便，注意防止下部光秃。

绿篱定植后，按规定的高度和形状及时修剪。将粗大的主枝截去顶端 1/3 以上，剪口在规定高度 5 ~ 10 厘米以下，然后用大平剪和绿篱机修剪表面枝叶。绿篱表面（顶部和两侧)要剪平，修剪时高度要一致，篱面与四壁要平整，棱角要分明。缺株时要及时补栽，保证篱面丰满。

B. 拱门式绿篱

拱门式绿篱就是将木本植物制作成拱门，常用藤本植物或枝条柔软的小乔木制作。

第一步，培养绿篱。两道绿篱间隔为 1.6 米，中间形成开放空间。

第二步，栽后第二年和第理年夏季，修剪周边，当绿篱长至 1.8 米时，在绿篱间隙的两侧插入一对垂直的树桩支撑生长着的拱门。树桩要牢固，高度在 2.5 米以上。两对木桩的间隔约为 1.5 米，每对木桩之间距离为 20 ~ 25 厘米。同侧木桩与木桩之间用平行的竹竿系在一起，在 2 米与 2.3 米高处分别用绳子固定。绿篱 1.8 米时，将表面剪成水平状，只在间隙两侧留下 80 厘米。

第三步，第四年夏季，修剪留下来的部分，使间隙两侧枝条垂直生长，形成拱门形状，在垂直的木桩之间用绳子把枝条绑成水平状。拱门形成后，移走垂直的木桩和竹竿 " 拱门成型后，要经常修剪，保持良好的形状，并且不影响行人通过。

C. 伞形树冠式绿篱

伞形树冠式绿篱多栽于庭园四周栅栏式围墙内。整形时先培养主干使其高于栅栏，然后在主干顶部培养主枝，主枝自然向四周下垂生长，构成伞形树冠。在养护中要及时短截主枝，疏除主干上发出的侧枝和根蘖。

D. 雕塑式绿篱

雕塑式绿篱一般选择枝条柔软、侧枝茂密、叶片细小且极耐修剪的树种，通过扭曲和盘扎，按照一定的物体造型，由主枝和侧枝构成骨架，对细小的枝条用绳子牵引，再结合细致修剪，剪成各种雕塑形状。

E. 图案式绿篱

图案式绿篱一般在栽植前，要先设立支架，栽植后保留主干，在主干上均匀配置侧枝，通过修剪或拉枝把植物连接成网状或其他图案。也可不设支架直接用植物制作。

（4）绿篱的修剪时期

绿篱的修剪时期因树种而定。一般情况，绿篱栽植的当年不修剪，任其自然生长。从第二年开始，绿篱长至30厘米高时开始修剪，按预定的绿篱高度截顶，条带形绿篱无论老枝或新梢，只要超过标准高度的一律剪平。

常绿针叶树一般在春末夏初进行第一次修剪；夏季多数树种已停止生长，树形可保持较长时间；入秋后，若肥水充足，会抽生秋梢旺盛生长，为保持树形可进行第二次修剪。大多数阔叶树生长期新梢都在生长，在春、夏、秋季都可根据生长情况进行修剪，以维持树形，花灌木栽植的绿篱，修剪最好在花谢以后进行，防止大量结实和新梢徒长消耗养分，促进花芽分化，为来年开花奠定基础。

规则式绿篱应根据生长情况及时剪去突出于树形以外的新梢，以免扰乱树形，并使内膛小枝充实密集，保持绿篱丰满紧凑。休眠期修剪以整形为主，可稍重剪；生长期修剪以调整树势为主，宜轻剪。有伤流的树种应在夏、秋两季修剪。

（四）藤本类的整形修剪

藤本类植物具有离心生长快、基部易光秃的特点。藤本植物有吸附类、钩刺类，整形修剪时根据不同类植物的生长特点采用适宜的方法进行修剪，综合运用短截、疏枝、回缩复壮等技术措施，维持景观的观赏效果。

l. 藤市类的整形修剪形式

（1）棚架式整形修剪

棚架式整形修剪适宜于山葡萄、凌霄、北五味子及紫藤等卷须类及缠绕类藤本植物。苗木栽植后，在近地面处重短截，促发几条健壮主蔓，然后将主蔓垂直引至棚架上，主蔓先端延伸至棚架的顶部，并使主蔓、侧蔓均匀分布于架面上。其余枝梢根据空间大小适当短截，促发新梢，使架面枝梢密度适宜。休眠期对主、侧蔓延长枝进行适度短截，维持其生长势，同时疏除过密枝、枯死枝和病虫枝。生长季节主要疏除过密枝梢，短截延伸过长的枝梢，维持观赏效果良好。在东北、华北、西北等地，葡萄等不耐寒的种类，冬季需下架埋土防寒，待春季气温上升时在去土上架。

（2）凉廊式整形修剪

凉廊式适宜于卷须类和缠绕类藤本，也可用于吸附类藤本。凉廊式整形时，因侧方有支架，因此，藤本植物栽植后，留几个芽进行短截，促发几个主蔓，然后将主蔓和其上的侧蔓均匀引缚在侧方架面上，逐年延伸至廊顶，枝梢覆盖廊顶，起到遮阴作用。与棚架式一样，休眠期对主、侧蔓延长梢进行适度短截维持其生长势力，并剪除枯死枝、病虫枝；生长期疏除过密枝，短截过长影响行人活动的枝梢，保持良好的观赏性能。

（3）篱垣式整形修剪

篱垣式多用于卷须类及缠绕类藤本。植物栽植后，留几芽短截，其上发生几个侧蔓，将侧蔓沿两侧或一侧水平引缚于垂直的篱面上，在侧蔓上培养分枝，使其均匀分布于侧蔓两侧的篱面上，保持枝梢密度适宜。每年对侧蔓进行短截，形成整齐的篱垣。及时疏除衰老枝、枯死枝和病虫枝。垂直篱垣根据绿化要求可培养成矮篱、中篱和高篱。

（4）附壁式整形修剪

附壁式多用于爬墙虎、常春藤和凌霄等吸附类藤本植物。植物栽植后，直接将其藤蔓引于墙面，植物就可依靠吸盘或吸附根逐渐布满墙面。有些庭园中，在墙壁前 20 ~ 50 厘米处设立支架，在架前种植蔓性蔷薇等开花的藤本植物，观赏其繁花绿藤景观。这类植物修剪不严格，尽量使植物枝梢在墙面上分布均匀，互不重叠交叉就行。

（5）直立式整形修剪

直立式适宜于紫藤等茎蔓粗壮的藤本植物，整形修剪时可将植株培养成直立灌木式，一般用于公园道路两旁或草坪上。

（五）地被植物的修剪

地被植物是园林绿化的重要组成部分，它是指具有一定观赏价值，铺设于大面积裸露平地、坡地或林下空地上的各种覆盖地面的多年生草本、低矮丛生的匍匐性或半蔓性的灌木或藤本。地被物和草坪一样，可以覆盖地面，涵养水源，同时具有种类品种丰富、适应性强、生长快、繁殖容易、栽培简单、后期病虫害少、养护管理粗放等特点。

近年来城市绿化建设中，常见的地被植物有红花檵木、小叶女贞、龙柏、紫叶小檗、美人蕉、杜鹃、栀子花、火棘、金叶连翘、红花酢浆草、红三叶、白三叶、鸢尾类、玉簪类、萱草类、金银花、常春藤、地锦、石竹、麦冬等。

地被植物修剪有促进分枝，加速覆盖的功能；还要定期疏除枯枝、老弱枝、病虫枝。

第七章　景观草坪与花卉的养护管理

第一节　园林景观绿化养护的管理策略

一、景观园林苗圃的养护管理分析

（一）苗木移植分析

由于幼苗都先在苗床育苗，密度较大，必须通过移植改善苗木的通风和光照条件，增加营养面积，减少病虫害的发生，培育出符合要求的苗木。在苗圃中将苗木更换育苗地的继续培养叫移植，凡经过移植的苗木统称为移植苗。目前城市绿化以及企事业单位、旅游地区、绿化带、公路、铁路、学校、社区等的绿化美化中几乎采用的都是大规格苗木。大苗的培育需要至少2年以上的时间，在这个过程中，所育小苗需要经过多次移栽、精细的栽培管理、整形修剪等措施，这样才能培育出符合规格和市场需要的各个类型的大苗。

l.苗市移植的时间、次数和密度

（1）苗木移植时间

苗木移植时间应视苗木类型、生长习性及气候条件而定。

大多数树种一般在早春移植，也是主要的移植季节。因为这个时期树液刚刚开始流动，枝芽尚未萌发，苗木蒸腾作用很弱，移植后成活率高。春季移植的具体时间应根据树种的生物学特性及实际情况确定，萌动早的树种宜早移，发芽晚的可晚些。常绿树种，主要是针叶树种，可以在夏季进行移植，但应在雨季开始时进行。移植最好在无风的阴天或降雨前进行。应在冬季气温不太低，无冻霜和春旱危害的地区应用。秋季移植在苗木地上部分停止生长后即可进行。此时地温高于气温，根系伤口愈合快，成活率高，有的当年能产生新根，第二年缓苗期短，生长快。

（2）苗木移植次数

苗木移植次数取决于该树种的生长速度和对苗木规格的要求。园林应用的阔叶树种，在播种或扦插1年后进行第一次移植，以后根据生长快慢和株行距大小，每隔2 ~ 3年移植一次，并相应地扩大株行距，目前各生产单位对普通的行道树、庭阴树和花灌木用苗只移植 2 次，在大苗区内生长 2 ～ 3 年，苗龄达到 3 ～ 4 年即行出圃。而对重点工程或易受人为破坏地段或要求马上体现绿化效果的地方所用的苗木则常需培育 5 ～ 8 年，甚至更长，因此必须移植 2 次以上。对生长缓慢、根系不发达，而且移植后较难成活的树种，如银杏，可在播种后第三年开始移植。以后每隔 3 ～ 5 年移植一次，苗龄 8 ～ 10 年，甚至更大一些方可出圃。

（3）苗木移植密度

大苗移植密度应根据树种生长的快慢、苗冠大小、育苗年限、苗木出圃的规格以及苗期管理使用的机具等因素综合考虑。如果株行距过大，则既浪费土地，产苗量又低；如果株行距过小，则不仅不利于苗木生长，还不便于机械化作业。一般情况下，针叶树小苗的移植行距应在 20 厘米左右，速生阔叶树苗的行距应在 50 ～ 100 厘米。株距要根据计划产苗数和单位面积的苗行长度加以计算确定。如油松移植密度 125 株 / 平方米，云杉 200 株 / 平方米。

2. 苗市移植的方法

（1）苗木移植的穴植法

按苗木大小设计好株行距，根据株行距定点，然后挖穴。穴土放在沟的一侧，栽植深度可略深于原来深度 2 ～ 5 厘米。覆土时混入适量的底肥，先在坑底部填部分肥土，然后放入苗木，再填部分肥土，轻轻提一下苗木，使其根系舒展，再填满土，踏实、浇足水。穴植有利于根系舒展，不会产生根系窝曲现象，生长恢复较快，成活率高，但费工、效率低，适用于大苗或移植较难成活的苗木。

（2）苗木移植的沟植法

先按行距开沟，土放在沟的两侧，以利于回填土和苗木定点。将苗木按一定株距放在沟内，然后扶正苗木、填土踏实。沟的深度应大于苗根长度，以免根系窝曲。沟植法工作效率较高，适用于一般苗木，特别是小苗。

（3）苗木移植的容器苗移植

营养钵、种植袋等容器苗全年可移植，可保持根系完整，成活率高，容器苗集移植、包装、运输为一体，对生产者有莫大益处。

3. 移植注意事项

保护根部一般落叶阔叶树，在休眠期常用裸根移植，而对成活率不太高的树种常带宿土移植。常绿树及规格较大而成活率又较低的树种，必须带符合规格的土球，若就近栽植，在保证土球不散开的情况下，土球不必包扎。

移植前灌溉如园地干燥，宜在移植前 2 ～ 3 天进行灌溉，以利掘苗。适当修剪移植时，对过长根和枯萎根等进行修剪，要保护好根系，不使其受损、受干、受冷；对枝叶也需适当修剪。栽植时苗木要扶正，埋土要较原来深度略深些。栽植后要及时灌足水，但不宜过量，3 ~ 5 天后进行第二次灌水，5 ~ 7 天后进行第三次灌水。苗木经灌溉后极易倒伏，应立即扶正倒伏的苗木，并将土踏实。

（二）苗木整形修剪分析

l. 枝芽类型

园林苗木枝条上的芽子有很多种，芽子的分类方法也有多种，与整形修剪相关的有以下几种。

（1）芽的类型

按性质分类：①叶芽是萌发后只形成枝叶；②纯花芽是萌发后只形成花，如碧桃的花芽；③混合花芽是萌发后既形成枝叶也形成花，如海棠的花芽。

按位置分类：①顶芽是着生在枝条顶端；②侧芽是着生在枝条的叶腋间。

按萌发特点分类：①活动芽是形成后当年或次年萌发；潜伏芽是经多年潜伏后萌发。

（2）枝条的类型

按性质分类：①营养枝是着生叶芽，只长叶不能开花结果；②结果枝是着生花芽，开花结果。

按生长年龄分类：①新梢是芽萌发后形成的带叶片的枝条；② 1 年生枝是生长年限只有 1 年，落叶树木的新梢落叶后为 1 年生枝；③ 2 年生枝是生长年限有 2 年，1 年生枝上的芽萌发成枝后，原来的 1 年生枝就成为 2 年生枝；④多年生枝是生长年限有 2 年以上。

按枝条长度分类：①长枝是长度在 50 ~ 100 厘米；②中枝是长度在 15 ~ 50 厘米；③短枝是长度在 5 ~ 15 厘米；④叶丛枝是枝条很短，叶片轮状丛生。

按树体结构分类：①主干是从根茎以上到着生第一主枝的部分；②中心干是由主干分生主枝处直立生长的部分，换句话说，就是主干以上到树顶之间的主干延长部分；③主枝是从中心干上分生出来的永久性大枝，上面分生出侧枝。主枝在中心干上着生的位置有差别时，自下而上依次称为第一主枝、第二主枝、第三主枝；④侧枝是着生于主枝上的主要分枝；⑤骨干枝是树冠内比较粗大而起骨架作用的永久性大枝。包括主干、中心干、主枝、侧枝。

l. 枝芽特征

（1）芽的异质性特征

同一枝条上不同部位的芽在发育过程中，由于所处的的环境条件以及枝条内部营养状况的差异，造成芽的生长势以及其他特性的差别，即称为芽的异质性。比如，位于枝条基部的芽子质量较差，而中上部的芽子饱满，质量好。芽的饱满程度是芽质量的一个标志，能明显影响抽生新梢的生长势。在修剪时，为了发出强壮的枝，常在饱满芽上剪短截。为了平衡树势，常在弱枝上利用饱满芽当头，能使枝由弱转强；而在强枝上利用弱芽当头，可避免枝条旺长，缓和树势。

（2）萌芽力、成枝力特征

枝条上的芽萌发枝叶的能力称为萌芽力。枝条上萌芽数多的则萌芽力强，反之则弱。一般以萌发的芽数占总芽数的百分率表示。

枝条上的芽抽生长枝的能力叫成枝力。抽生长枝多，则成枝力强，反之则弱。一般以长枝占总萌发芽数百分率表示。萌芽力和成枝力因树种、品种、树龄、树势而不同，同一树种不同品种的萌芽力强弱也有差别；同一品种随树龄的增长，萌芽力也会发生变化。一般萌芽力和成枝力均强的品种易于整形，但枝条容易过密，在修剪时宜多疏少截，防止光照不良。而对萌芽力强而成枝力弱的品种，则易形成中、短枝，树冠内长枝较少，应注意适当短截，促其发枝。

（3）顶端优势（先端优势）特征

顶端优势就是同一枝上顶端抽生的枝梢生长势最强，向下依次递减的现象，这是枝条背地生长的极性表现。一般来说，乔木树种都有较强的顶端优势。顶端优势与整形密切相关，如毛白杨为培育直立高大的树冠，苗木培育时要保持其顶端优势，不短截主干；而桃树常培养成开心形，要控制顶端优势，所以苗期整形时要短截主干，促进分枝生长。

（4）垂直优势特征

枝条和芽着生方位不同，生长势表现差异很大，直立生长的枝条生长势旺，枝条长，而接近水平或下垂的枝条则生长短而弱；在枝条弯曲部位的芽生长势超过顶端，这种因枝条着生方位不同而出现强弱变化的现象，称为垂直优势。在修剪上常用此特点，通过改变枝芽的生长方向来调节生长势。

3. 常用的几种修剪方法

（1）短截法

短截指剪去一年生枝的一部分，根据修剪量的多少分为四类：轻短截、中短截、重短截和极重短截。一年四季都可进行。

第一，轻短截。只剪去一年生枝梢顶端的一小部分（1/4 ~ 1/3）。如只剪截顶芽（破顶），或者是在秋梢上、春秋梢交界处留盲节剪截（截帽剪），因剪截轻，弱芽当头，故形成中短梢多，单枝的生长量小，起到缓和树势、促生中短枝、促进成花的作用。

第二，中短截。在春梢中上部饱满芽处短截（1/2）。由于采用好芽当头，其效果是截后形成长枝多，生长势强，母枝加粗生长快，可促进枝条生长，加速扩大树冠。一般多用于延长枝头和培养骨干枝、大型枝组或复壮枝势。

第三，重短截。在春梢的中下部剪截(2/3)。虽然剪截较重，因芽质少差，发枝不旺，通常能发出 1 ~ 2 个长中枝，一般用于缩小枝体、培养枝组。

第四，极重短截极重短截是只留枝条基部 2 ~ 3 芽的剪截。截后一般萌发 1 ~ 2 个细弱枝，发枝弱而少，对生长中庸的树反应较好。常用于竞争枝的处理，也用于培养小型的结果枝组。不同短截方式的修剪反应不同，修剪反应不仅受剪口处芽子的充实饱满程度影响，还与树种、品种有关。

（2）回缩法

回缩指剪去多年生枝的一部分。通常用于多年生枝的更新复壮或换头，于休眠期进行。一般回缩修剪量大，刺激作用重，有更新复壮的作用，多用于枝组或骨干枝的更新以及控制树冠和辅养枝等。缩剪反应与缩剪程度、留枝强弱、伤口大小等有关，缩剪适度可以促进生长，更新复壮，缩剪不适，则可抑制生长，用于控制树冠或辅养等。

（3）疏枝法

将枝条由基部剪去称之为疏枝。疏剪可以改善树冠本身通风透光，对全树来说，起削弱生长的作用，减少树体总生长量；对伤口以上有抑制作用，削弱长势，对伤口以下的枝芽有促进生长作用，距伤口越近，作用越明显，疏除的枝条越粗，造成的伤口越大，这种作用越明显，所以，没有用的枝条越早疏除越好。疏除对象一般是交叉枝、重叠枝、徒长枝、内膛枝、根蘖、病虫枝等。

（4）长放法

长放是利用单枝生长势逐年减弱的特性，保留大量枝叶，避免修剪刺激而旺长，利于营养物质积累，形成花芽也叫缓放、甩放。

（5）摘心法

摘除枝端的生长点为摘心，可以起到延缓、抑制生长的作用。强枝摘心可以抑制顶端优势，促进侧芽萌发生长。生长季节可多次进行。

（6）抹芽、疏梢法

抹芽即新梢长到 5 ~ 10 厘米时，把多余的新梢、隐芽萌发的新梢及过密过弱的新梢从基部掰掉。新梢长到 10 厘米以上后去掉为疏梢。没有用的新梢越早去掉越好。

（7）环剥法

环剥是将枝干的韧皮部剥去一环。环剥作用是抑制剥口上营养生长，促进剥口下发枝，同时促进剥口上成花。

（8）刻伤和环割法

刻伤也叫目伤，春季发芽前，在枝条上某芽上方 1 ~ 3 毫米刻伤韧皮部，造成半月形伤口，可促进芽萌发。环割是在芽上割一圈，伤韧皮部，不伤木质部，作用与刻伤相同。

（9）扭梢、拿枝、转枝法

扭梢是将枝条扭转 180°，使向上生长的枝条转向下生长。拿枝是在生长季枝条半木质化时，用手将直立生长的枝条改变成水平生长，操作时拇指在枝条上，其余四指在枝条下方，从枝条基本 10 厘米处开始用力弯压 1 ~ 2 下，将枝条木质部损伤，用力时听见木质部响，但不折断，从枝条基部逐渐向上弯压，注意用力的轻重。转枝是用双手将半木质化的新梢拧转适合。扭梢、拿枝、转枝的作用都是将枝梢扭伤，阻碍养分的运输，缓和长势，提高萌芽率，促进中短枝的形成。

（10）改变枝条生长方向法

扭梢和拿枝可以改变枝条方向，修剪时常用曲枝、盘枝、别枝和撑、拉、坠等方法改变枝条的角度和方向，开张角度，缓和枝条生长势，单枝生长量减小，下部短枝增多，既有利于营养物质的积累，又可改善通风透光状况。

4. 苗市的整形修剪分析

树体的整形是用修剪技术来完成的，修剪是整形的基础。园林苗木种类不同，树形要求不同，整形修剪方法不同。

（1）自然式苗木的整形修剪分析

保持原有树种自然冠形的基础上适当修剪，称为自然式整形。这种方式充分尊重树木的独有特性，修剪技术只是辅助性调整，是园林树木整形工作中最常用的手段。在片林、孤赏树、庭荫树和纪念树上经常应用。

如雪松、云杉等树体自然形状观赏好，修剪时只是对枯枝、病弱枝及少量扰乱树形的枝条作疏剪处理即可。作行道树干高超过 2m 的一些树种、品种（如毛白杨、银杏等），需要苗木主干通直生长。大苗培育期主干不短截，保持直立生长，及时去除主干基部的分枝，保持顶芽的优势即可。还有嫁接需要大砧木，要求主干高 1.5m 以上，如龙爪槐、中华金叶榆，大苗培育期整形修剪也是如此。

（2）低干乔木大苗的整形修剪分析

有些树种、品种的树形（疏散分层形、开心形等）主干较低，大苗培养期，当主干达到一定高度后要短截，促进分枝生长。对主干的短截叫定干。对主干出现的竞争枝应剪短或疏除。这些低干的树种，短截主干后，增加分枝量，有利于树冠扩大和主干加粗。

定干是在树形规定的干高上加 20 厘米处短截主干，要求剪口下 20 厘米有多个饱满芽，这 20 厘米称为整形带。为了将来在整形带内萌发多个长枝（选作主枝），常在定干后萌芽前将整形带中芽刻伤，促进芽萌发。竞争枝是指处于主干或主枝的延长枝（剪 1 ： 1 下第一芽枝）附近、长势与延长枝相当的枝条，它分枝角度小，

干扰骨干枝的延伸方向，是整形修剪时要重点处理的对象。一般竞争枝可以用疏除、短截、拿枝、扭梢等方法控制其生长。延长枝是指处于各级骨干枝最先端的 1 年生枝，它决定骨干枝的发展方向。

定干定干高度为 70 ～ 80 厘米，剪口下要求有 8 ～ 10 个饱满芽。春季萌芽前后进行环割或刻芽，促发枝条。第一年生长季整形带内可着生 5 ～ 8 个枝条。冬季从上部选择位置居中、生长旺盛的枝条作为中心干延长枝，留 50 ～ 60 厘米短截，注意剪口芽的方位。竞争枝的处理方法有两种：①生长季对竞争枝扭梢，控制其生长；②冬季把竞争枝疏除或留 1 ～ 2 芽短截修剪。

第一年冬季在中心干延长枝的下部选择三个方位好、角度合适、生长健壮的枝条作为三大主枝，留 50 ～ 60 厘米短截，剪口芽留外芽。第二年冬季修剪时，每主枝上留一个侧枝，主枝和侧枝均剪截在饱满芽处。第二年，在中心干上选留 2 个辅养枝，对辅养枝拉平，控制其生长。下一年对辅养枝于 5 月下旬至 6 月上旬进行环剥，以促进花芽形成。第三年，在中心干上再选 2 个主枝，修剪方法同基部三主枝。第四年，第 4 和第 5 主枝上培养侧枝，修剪方法同基部三主枝。

定干开心形树形定干高度为 70 ～ 80 厘米。第二年冬季，选留 3 个合适的枝条作主枝，主枝短截在饱满芽处，剪口下留外芽，剪留长度根据长势一般在 50 ～ 60 厘米，主枝开张

角度45° 左右。角度不合适时用撑、拉、坠等方法调整。第三年冬季，每主枝上选留1个侧枝，这个侧枝都在主枝的同一侧。侧枝短截在饱满芽处，剪留长度为40 ~ 50厘米，开张角度大于45° 。一般侧枝剪留比主枝短，开张角度比主枝大。第四年每个主枝上选留第二侧枝，第二侧枝在第一侧枝对面，剪截方法同第一侧枝。

不同树形干高不同，骨干枝的数量、排列方式、开张角度不同，整形过程中根据树形要求选留、剪截主枝和侧枝即可。

（3）灌木大苗的整形修剪分析

灌木多修剪成高灌丛形、独干形、丛状形、宽灌丛状形等。移植后主要采用的修剪方法是：第一次移植时，根据需要选留主干数量，并重截，促其多生分枝，以后每年疏除枯枝、过密枝、病虫枝、受伤枝等，并适当疏、截徒长枝、弱枝，每次移植时重剪，促其发枝。丛状形和宽灌丛形，这两种树形树冠低矮，地面分枝多，整形任务是根据树种生长特点，调整树形，疏除过弱、过密、徒长枝，使其透光性好；短截留下的主枝，使其错落有致，提高观赏效果即可。

（4）藤本类大苗的整形修剪分析

藤本植物的树形有多种，如棚架式、凉廊式、悬崖式或瀑布式等。藤本植物整成什么样的树形，主要与设立架式有关，苗圃大苗整形修剪的主要任务是养好根系，并培养数条健壮的主蔓。

（5）绿篱及特殊造型的大苗整形修剪分析

绿篱灌木可从基部大量分枝，形成灌丛，以便定植后进行多种形式修剪，因此，至少重剪两次。为使园林绿化丰富多彩，除采用自然树形外，还可利用树木的发枝特点，通过不同的修剪方法，培育成各种不同的形状，如梯形、扇形、圆球形等。

（三）园林苗圃的管理分析

l.土壤管理

对苗圃地的土壤，主要是通过多种综合性的措施来提高土壤肥力，改善土壤的理化性质，保证苗圃内苗木健康生长所需养分水分等的不断有效供给。苗圃土壤类型相对复杂，不同的植物种类对土壤的需求是不一样的，但对良好土壤的需求则是相同的，即能完好地协调土壤的水、肥、气、热。一般的肥沃土壤应该是土壤养分相对均衡，既有大量元素，又有微量元素，且各自的含量适宜植物的生长；既含有有机物质，也含有大量的无机物质；既有速效肥料，也有缓效肥料。同时要求苗圃地土壤物理性质要好，即土壤水分含量适宜、空气含量适宜。目前一般的苗圃地土壤都达不到这样的要求，这就需要人们在实际生产中对苗圃地土壤进行改良。生产中常见的改良方法有以下几种。

（1）客土法

为了某种特殊要求，某些苗木种类要在苗圃地栽植，而该苗圃地土壤又不适合苗木生长时，可以给它换土，即“客土栽培”。但这种土壤改良方法不适合大面积的苗木种植，一般偏沙土壤可以结合深翻掺一些黏土，偏黏土壤可以掺一些沙土。或在树木的栽植穴中换土。

（2）中耕除草法

选择在生长期间对苗圃地土壤进行中耕除草，可以切断土壤毛细管，减少土壤水分蒸发，提高土壤肥力；还可以恢复土壤的疏松度，改善土壤通气状况。尤其是在土壤灌水之后，要及时中耕，俗语有“地湿锄干、地干锄湿”之说，此外，中耕还可以在早春提高地温，有利于苗木根系生长。同时，中耕还可以清除杂草，减少杂草对水分、养分的竞争，使苗木生长环境清洁美观，抑制病虫害的滋生蔓延。

（3）深翻法

选择秋末地上部分停止生长或早春地上部分还没有开始生长的时候对土壤进行深翻，深度以苗木主要根系分布层为主。也可以在未栽植苗木之前，结合整地、施肥对土壤进行深翻。深翻又分为树盘深翻、隔行深翻、全园深翻。通过深翻能改善土壤的水分和通气状况，促进土壤微生物的活动，使土壤当中的难溶性物质转化为可溶性养分，有利于苗圃植物根系的吸收，从而提高土壤肥力。

（4）增施有机肥法

可增施有机肥对土壤进行改良，常用的有机肥有厩肥、堆肥、饼肥、人粪尿、绿肥、鱼肥等，这些有机肥料都需要腐熟才能使用。有机肥对土壤的改良作用明显，一方面因为有机肥所含营养元素全面，不但含有各种大量元素，还含有各种微量元素和各种生理活性物质，如激素、维生素、酶、葡萄糖等，能有效供给苗木生长所需的各种养分；另一方面还可以增加土壤的腐殖质，提高土壤的保水保肥能力。

（5）调节土壤 PH 值法

绝大多数园林植物适宜中性至微酸性的土壤，然而在我国碱性土居多，尤其是北方地区。这样，酸碱度调节就是一项十分必要和经常性的工作。土壤酸化是指对偏碱的土壤进行处理，使土壤 PH 降低，常用的释酸物质有有机肥料、生理酸性肥料、硫黄等，通过这些物质在土壤中的转化，产生酸性物质，有数据表明，每亩施用 30 千克硫黄粉，可使土壤 PH 值降低 1.5 左右。土壤碱化时常用的方法是往土壤中施加石灰、草木灰等物质，但以石灰应用比较普遍。

（6）生物改良法

生物改良就是有计划地在苗圃种植植物或引进动物来达到改良土壤的目的。可以在苗圃空地种植地被植物，增加土壤可给态养分的供给，控制杂草生长，利于苗圃苗木的生长。还可以利用自然土壤当中大量的昆虫、细菌、真菌、放线菌、软体动物等，它们对土壤改良有着积极的意义。这些微生物存在于土壤中，通过活动能促进岩石风化和养分释放，加快动植物残体的分解，有助于土壤团粒结构的形成和营养物质的转化。

（7）应用土壤改良材料法

不少国家已经开始大量使用土壤改良材料来改良土壤结构和生物学活性，调节土壤酸碱度，提高土壤肥力。土壤改良材料可以分为无机、有机和高分子三大类，它们分别具有不同的功能：增加孔隙，协调保水与通气透水性；疏松土壤，提高置换容量，促进微生物活动；使土壤粒子团粒化。目前我国使用的改良材料以有机类型为主，如泥炭、锯末粉、腐叶土等。国外有专门的土壤改良剂出售，如聚丙烯酰胺，是人工合成的高分子化合物。

2. 水分管理

苗圃水分管理是根据各类苗木对水分的要求，通过多种技术和手段，来满足苗木对水分的合理需求，保障水分的有效供给，达到满足植物健康生长的目的，同时节约水资源。

（1）灌溉方式

第一，漫灌。田间不修沟、畦，水流在地面以漫流方式进行的灌溉，粗放经营、浪费水，在干旱的情况下还容易引起次生盐碱化。

第二，分区灌溉。把苗圃地中的树划分成许多长方形或正方形的小区进行灌溉。缺点是土壤表面易板结，破坏土壤结构，费劳力且妨碍机械化操作。

第三，沟灌。一般应用于高床和高垄作业，从水沟内渗入床内或垄中。此法是我国地面灌溉中普遍应用的一种较好的灌水方法。优点是土壤浸润较均匀，水分蒸发量与流失量较小，防止土壤结构破坏，土壤通气良好。

第四，喷灌。喷灌是喷洒灌溉的简称。该法便于控制灌溉量，并能防止因灌水过多使土壤产生次生盐渍化，减少渠道占地面积，能提高土地利用率，土壤不板结，并能防止水土流失。工作效率高，节省劳力，所以它是效果较好、应用较广的一种灌溉方法。但是灌溉需要的基本建设投资较高，受风速限制较多，在 3 级以上风力影响下，喷灌不均，因喷水量偏小，所需时间会很长。还有一种微喷，喷头在树下喷，对高大的树体土壤灌溉效果好。

第五，滴灌。滴灌是将灌水主管道埋在地下，水从管道上升到土壤表面，管上有滴孔，水缓慢滴入土壤中，节水效果好，是最理想的灌溉方法。

（2）苗圃四季的灌溉与排水

第一，春季。进入春季，气温开始回升，雨水增多，病虫害开始萌动，一些苗木也开始萌芽，因此，应及时加强对苗圃的早春水分管理。春季雨多和地势低洼的苗圃，一旦土壤含水量过多，不仅降低土温，且通透性差，严重影响苗木根系的生长，严重时还会造成苗木烂根死苗，影响苗木回暖复苏。因此，进入春季，应在雨前做好苗圃地四周的清沟工作；没有排水沟的要增开排水沟，已有的还可适当加深，做到雨后苗圃无积水；尤其是对一些耐旱苗木，更应注意水多时要立即排水，防止地下水位的危害：要对苗圃地进行一次浅中耕松土，并结合施一些草木灰，可起到吸湿增温的作用，促进苗木生长发育。

第二，夏季。夏季在天气干旱时要及时灌溉，苗木速生期前期需要充足的水分，尤其是幼果期不能缺水，并且灌溉要采取多量少次的方法。每次灌溉要灌透、灌匀。注意防止浇半截水。夏季雨水较多，应注意及时排水防涝。植株受涝表现为失水萎蔫，叶及根部均发黄，严重时干枯死亡。

第三，秋季。秋季为促进苗木木质化，应停止灌溉，此时水分过多易引起立枯病和根腐病。因此，在雨季到来时要注意开沟排水。

第四，冬季。冬季到来前苗圃地要及时浇冻水，冻水要浇大浇透，使苗木吸足水分，增加苗木自身的含水量，防止冬季大风干燥苗木失水过多，影响来年苗木发芽。

二、景观植物树木的保护与修补

园林树木对人类来说具有不可替代的功能，但是常常受到病虫害、冻害、日灼等自然因素和人为修剪所带来的伤害。所以，为了保证树木的正常生长和观赏价值，必须对受损的树体进行相应的保护措施，并且一定要贯彻“防重予治”的精神。对树体上已经造成的伤口，应该及早救治，防止扩大蔓延，治疗时，应根据树体伤口的部位、轻重和特点，采取不同的治疗和修补方法。

（一）景观植物树木的保护

1. 景观植物树体的伤口处理

（1）景观植物树干伤口处理

树木的枝干因病、虫、冻、日灼等造成的伤口，首先用锋利的刀刮净削平四周，使伤面光滑、皮层边缘呈弧形，然后用药剂（2% ~ 5% 硫酸铜液，0.1% 的升汞溶液，石硫合剂原液）消毒，再涂抹伤口保护剂。

树木因修剪造成的伤口，应将伤口削平然后涂以保护剂，选用的保护剂要求容易涂抹，黏着性好，受热不融化，不透雨水，不腐蚀树体组织，同时又有防腐消毒的作用，如铅油、接蜡等均可。大量应用时也可用黏土和鲜牛粪加少量石硫合剂的混合物作为涂抹剂，如用激素涂剂对伤口的愈合更有利，用含有 0.01% ~ 0.1% 的 a- 萘乙酸膏涂在伤口表面，可促进伤口愈合。

树木因风折而使枝干折裂，应立即用绳索捆缚加固，然后消毒涂保护剂。树木因雷击使枝干受伤，应将烧伤部位锯除并涂保护剂。

（2）景观植物树皮伤口处理

刮树皮树木的老皮会抑制树干的加粗生长，这时，就可用刮树皮来进行解决，此法亦可清除在树皮缝中越冬的病虫。刮树皮多在树木休眠期间进行，冬季严寒地区可延至萌芽前，刮的时候要掌握好深度，将粗裂老皮刮掉即可，不能伤及绿皮以下部位，刮后立即涂以保护剂。但对流胶的树木不可采用此法。

植皮对一些树木可在生长季节移植同种树的新鲜树皮来处理伤口。在形成层活跃时期（6 ~ 8 月）最易成功，操作越快越好。其做法首先对伤口进行清理，然后从同种树上切取与创伤面相等的树皮，创伤面与切好的树皮对好压平后，涂以 10% 蔡乙酸，再用塑料薄膜捆紧，2 ~ 3 周，长好后可撤除塑料薄膜。此法更适用于小伤口树木，但是名贵树木尽管伤口较大，为了保护其价值，依旧可进行植皮处理。

2. 常用的伤口敷料

在对树体进行保护的时候，一定要注意敷料的合理应用。理想的伤口敷料应容易涂抹，黏着性好，受热不融化，不透雨水，不腐蚀树体，具有防腐消毒、促进愈伤组织形成的作用。常用的敷料主要有以下几种。

第一，紫胶清漆。防水性能好，不伤害活细胞，使用安全，常用于伤口周围树皮与边材相连接的形成层区。但是单独使用紫胶清漆不耐久，涂抹后宜用外墙使用的房屋涂料加以覆盖。它是目前所有敷料中最安全的。

第二，沥青敷料。将固体沥青在微火上熔化，然后按每千克加入约2500毫升松节油或石油充分搅拌后冷却，即可配制成沥青敷料，这一类型的敷料对树体组织有一定毒性，优点是较耐风化。

第三，杂酚敷料。常利用杂酚敷料来处理已被真菌侵袭的树洞内部大伤面。但该敷料对活细胞有害，因此在表层新伤口上使用应特别小心。

第四，接蜡。用接蜡处理小伤口具有较好的效果，安全可靠、封闭效果好。用植物油4份，加热煮沸后加入4份松香和2份黄蜡，待充分熔化后倒入冷水即可配制成固体接蜡，使用时要加热。

第五，波尔多膏。用生亚麻仁油慢慢拌入适量的波尔多粉配制而成的一种黏稠敷料。防腐性能好，但是在使用的第一年对愈伤组织的形成有妨碍，且不耐风化，要经常检查复涂。

第六，羊毛脂敷料。现已成熟应用的主要有用10份羊毛脂、2份松香和2份天然树胶溶解搅拌混合而成的和用2份羊毛脂、1份亚麻仁油和0.25%的高锰酸钾搅拌混合而成的敷料。它对形成层和皮层组织有很好的保护作用，能使愈伤组织顺利形成和适度扩展。

（二）景观植物树木的修补

树干的伤口形成后，如果不及时进行处理，长期经受风吹雨淋，木质部腐朽，就形成了空洞。如果让树洞继续扩大和发展，就会影响树木水分和养分的运输及贮存，严重削弱树木生长势，降低树木枝干的坚固性和负荷能力，枝干容易折断或树木倒伏，严重时会造成树木死亡。不仅缩短了树木的寿命，而且影响了美观，还可能招致其他意外事故。所以说，树洞修补至关重要，应谨慎对待。以下是修补树洞的几个方法。

第一，开放法。如果树洞很大，并且有奇特之感，使人想特意留作观赏艺术时，就用开放法处理。此法只需将洞内腐烂木质部彻底清除，刮去洞口边缘的死组织，到露出新组织为止，用药剂消毒，然后涂上防腐剂即可。当然改变洞形，会有利于排水。也可以在树洞最下端插入导水铜管，经常检查防水层和排水情况，每半年左右重涂防腐剂一次。

第二，封闭法。同样将洞内的腐烂木质部清除干净，刮去洞口边缘的死组织，但是，用药消毒后，要在洞口表面覆以金属薄片，待其愈合后嵌入树体。也可以钉上板条并用油灰（油灰是用生石灰和熟桐油以1∶0.35制成的）和麻刀灰封闭（也可以直接用安装玻璃的油灰，俗称腻子封闭），再用白灰、乳胶、颜料粉面混合好后，涂抹于表面，还可以在其上压树皮状花纹或钉上一层真树皮，以增加美观。

第三，填充法。首先得有填充材料，有木炭、玻璃纤维、塑化水泥等，现在，以聚氨酯塑料为最新的填充材料，我国已开始应用，这种材料坚韧、结实、稍有弹性，易与心材和边材黏合；操作简便，因其质量轻，容易灌注，并可与许多杀菌剂共存；膨化与固化迅速，易于形成愈伤组织。具体填充时，先将经清理整形和消毒涂漆的树洞出口周围切除0.2 ~ 0.3 厘米的树皮带，露出木质部后注入填料，使外表面与露出的木质部相平。

填充时，必须将材料压实，洞内可钉上若干电镀铁钉，并在洞口内两侧挖一道深约 4 厘米的凹槽，填充物边缘应不超过木质部，使形成层能在它上面形成愈伤组织。外层用石灰、乳胶、颜料粉涂抹，为了增加美观，富有真实感，可在最外面钉上一层真树皮。

三、景观绿篱、色带与色块的养护管理策略

（一）绿篱、色带和色块的内涵

l. 绿篱、色带和色块的概念界定

绿篱是由灌木或小乔木以近距离的株行距密植，单行或双行排列组成的规则绿带，又叫植篱、生篱。常用的绿篱植物是黄杨、女贞、红叶小檗、龙柏、侧柏、木槿、黄刺梅、蔷薇、竹子等具萌芽力强、发枝力强、愈伤力强、耐修剪、耐阴力强、病虫害少的植物。色带和色块都是由绿篱进一步发展而成的。

色带是将各种观叶的彩叶树种（主要为小灌木）按照一定的排列方式组合在一起而形成的彩色的带状的篱。色带中常见的树种主要有金叶女贞、红叶小案、黄杨和桧柏(绿色）等。色块是由色带进一步变化而来的，主要用各种观叶的彩叶树种（主要为小灌木）组成具有一定意义的或具有一定装饰效果的图案或纹样，这些图案或纹样分有规则的圆形、长方形、正方形和椭圆形等几何形，以及自然形和由几何形变化而来的图形。色块的长宽比一般为（1∶1）~（1∶5）。色块无论大小，都各有其自身的艺术效果。一定要精心养护好这些景观篱，才能使其发挥自身的功效与价值。

2. 绿篱、色带和色块的作用

在园林绿地中绿篱、色带和色块的功能丰富。一般具有以下几种作用：①用绿篱夹景，可强调主题，起到摒俗收佳的作用；②可作为花境、雕像、喷泉以及其他园林小品的背景；③可构成各种图案和纹样；也可结合地形、地势、山石、水池以及道路的自由曲线及曲面，运用灵活的种植方式和整形技术，构成高低起伏，绵延不断的绿地景观，具有极

高的观赏价值；④可以隔离防护、防尘防噪、美化环境等。

（二）绿篱、色带和色块的水肥管理

1. 土壤管理

绿篱种植后，土壤会逐渐板结，不利于植株根系的正常生长发育，以致影响萌发新梢、嫩叶。因此，必须进行松土。松土的时间和次数应根据土壤质地及板结情况而定，一般每月松土一次。松土时因绿篱多为密植型，为尽量减少伤害植株根系，首先要选择适当的工具，其次要耐心细致。

种植多年的绿篱，因地表径流侵蚀、浇灌水冲刷及鼠害等原因，根部土壤常出现凸凹、下陷、部分植株根系裸露等现象。这些现象既影响了植株生长，又破坏了美感，因此有必要进行培土。培土时要选用渗透性能好且无杂草种子的沙质壤土或壤土。培土量以达到护住根为宜，培土后同时辅于浇水湿透土壤。

对质地差、受污染及过度板结的土壤可采取换土。换土方式有半换土和全换土。半换土即取出绿篱一侧旧土换填新土；全换土即将绿篱两侧土壤全部更换。换土应在秋季进行，这时是植株根系生长高峰，伤根易成活，容易发出新根。换土过程中需掌握的几个主要环节：①挖取旧土时要防止因操作不当造成植株倒伏。取土到根部时，最好使用铁爪等工具，以不伤及植株根系为宜；②换填土要选用质地好、具有一定肥力的土壤；③）换填时要做到即取即填，以免让植株根系过久暴露；④新土填入后要压实并浇透水，以促进根系与土壤结合；⑤换土后，土壤会出现一定程度的自然回落，这会导致个别植株倾斜，对此要注意观察加以扶正。

2. 施肥管理

绿篱、色带和色块的施肥方式分基肥和追肥。一般施基肥在栽植前进行，需要肥料的种类为有机肥，包括植物残体、人畜粪尿和土杂肥等经腐熟而成的。有机肥可提高土壤孔隙度，使土壤疏松，有利于土壤积雪保墒，防止冬春土壤干旱，并可提高地温，减少根际冻害。施用量为 1.05 ~ 2.0 千克 / 平方米，具体操作是将有机肥均匀地撒于沟底部，使肥料与土壤混合均匀，然后再栽植。

追肥应该在两年后进行，因为绿篱、色带和色块栽植的密度较大，不易常常进行施肥。具体方法可分为根部追肥和叶面喷肥 2 种，根部追肥是将肥料撒于根部，然后与土掺和均匀，随后进行浇水，每次施混合肥的用量为 100 克 / 平方米左右，施化肥为 50 克 / 平方米。叶面施肥时，可以喷浓度为 5% 的氮肥尿素。使用有机肥时必须经过腐熟，使用化肥必须粉碎、施匀；施肥后应及时浇水。叶面喷肥宜在早晨或傍晚进行，也可结合喷药一起喷施。

各地的情况不同，对绿篱、色带和色块施肥的时间也不同。一般来说，秋施基肥，有机质腐烂分解的时间较充分，可提高矿质化程度，第二年春天就能够及时供给树木吸收和利用，促进根系生长；春施基肥，肥效发挥较慢，早春不能及时供给根系吸收，到生长后期肥效才发挥作用，往往会造成新梢的二次生长，对植物生长发育不利。

3. 灌水及排水

在绿篱的养护过程中，足够的水分能使其长势优良。春季定植期间，风比较大，水分极易蒸发，为保证苗木成活，应定期浇水。一般 3 ~ 5 天一次，具体时间以下午或傍晚为宜，浇完水后待水渗入后亦应覆薄土一层。定植后每年的生长期都应及时灌水，最好采用围堰灌水法，在绿篱、色带和色块的周边筑境围堰，在盘内灌水，围堰高度 15 ~ 30 厘米，待水渗完以后，铲平围境或不铲平，以备下次再用。浇灌时可用人工浇灌或机械浇灌，有时候也用滴灌。对冬春严寒干旱，降水量较少的地区，休眠期灌水十分必要。秋末冬初灌水（北京为 11 月上中旬），一般称为灌“冻水”或“封冻水”，可提高树木的越冬安全性，并可防止早春干旱，因此北方地区的这次灌水不可缺少。

对在水位过高、地势较低等不良环境下种植的绿篱要注意排水，尤其是雨季或多雨天。如果土壤水分过重、氧气不足，抑制了根系呼吸，容易引起根系腐烂，甚至整株植株死亡。对耐水力差的树种更要及时排水。绿篱的排水首先要改善排水设施，种植地要有排水沟（以暗沟为宜）。其次在雨季要对易积水的地段做到心中有数，勤观察，出现情况及时解决。

4. 防寒管理

绿篱、色带和色块中的部分树木因寒冷天气而死亡是常有的事，特别是大（小）叶黄杨，经常出现栽植的第一年的春、夏、秋三季绿，冬季黄，第二年春季大面积死亡的现象。原因有苗源问题和栽植位置的问题，比如在我国，苗木的来源均为南方，在北方没有经过驯化就被使用，生长期间不能够适应北方的气候条件，所以被“冻死”；而当栽植位置处于风口处，冬季的严寒和多风会使其因缺水而被“抽死”。再就是灌冻水不及时，易在干旱的春季被“渴死”。因此，苗木的防寒工作不可忽视，在选择好苗源的基础上，必须适时灌冻水。并且避免栽植在风口处。还有一种方法取得了较好的效果，就是冬季覆盖法，就是用彩条布将易受冻害的树木覆盖起来。时间不宜过早或过晚，应该结合当地气候条件来决定，最好在夜间温度为 -5℃左右，或白天温度在 5℃左右的时候。翌年春季要及时撤除覆盖物，以免苗木被捂。

第二节　常见草种草坪养护管理分析

一、黑麦草草坪

草坪型多年生黑麦草为冷地型草坪草，属禾本科黑麦草属多年生草本植物，叶片深绿色，富有弹性。喜潮湿、无严冬、无酷暑的凉爽环境，具有较强的抗旱能力，剪后再生力强，侵占力强，耐磨性好，较耐践踏。目前引进的许多品种都有不错的耐热能力，最适pH值为6.0 ~ 7.0。由于它成坪快，可以起保护作用，常将它用作“先锋草种”。

草坪型黑麦草适宜的留茬高度为3.8 ~ 6.4厘米。原则是每次剪去草高的1/3。在生长旺盛期，要经常修剪草坪。如果草长得过高，可以通过多次修剪达到理想的高度。每次修剪应改变方向，以促进草直立生长。

草坪型黑麦草性喜肥，在北方春季施肥，南方秋季施肥。在土壤肥力低的条件下，每年早春和晚夏施两次肥。化肥和有机复合肥均可作为草坪肥料施用。一般土壤全价复肥的施用量为20千克/亩(1亩=667平方米，下同)，氮∶磷∶钾控制在5∶3∶2为宜。在生长期，定期喷施氮肥有助于保持叶色亮绿。

在生长期间，应适时灌水。浇水应至少浇透5厘米。在秋末草停止生长前和春季返青前应各浇一次水，要浇透，这对草坪越冬和返青十分有利。

二、匍匐紫羊茅草坪

匍匐紫羊茅为冷地型草坪草，属禾本科羊茅属多年生草本植物，它具有短的根茎及发达的须根。匍匐紫羊茅适应性强，寿命长，有很强的耐寒能力，在-30℃的寒冷地区，能安全越冬。耐阴、抗旱、耐酸、耐瘠，春秋生长繁茂，不耐炎热。最适于在温暖湿润气候和海拔较高的地区生长，在PH值为6.0 ~ 7.0，排水良好，质地疏松，富含有机质的沙质黏土和干燥的沼泽土上生长最好。再生力强，绿期长，较耐践踏和低修剪。适宜于温寒带地区建植高尔夫球场、运动场以及园林绿化、厂矿区绿化和水土保持等各类草坪。

匍匐紫羊茅适宜的留茬高度为3.8 ~ 6.5厘米。原则是每次剪去草高的1/3。在生长旺盛期，要经常修剪草坪。养护水平低时，也应在晚春进行一次修剪以除去种穗。如果草长得过高，可通过多次修剪达到理想的高度。每次修剪应改变方向，以促进草直立生长。

匍匐紫羊茅对土壤肥力要求较低，在北方春季施肥，化肥和有机复合肥均可作为草坪肥料施用。一般土壤全价化肥的施用量为15～20kg/亩，氮：磷：钾控制在2∶1∶1为宜。

浇水不要过量，因紫羊茅不耐涝。浇水应避开中午阳光强烈的时间，应浇透、浇足，至少湿透5厘米。在秋末草停止生长前和春季返青前应各浇一次水，要浇透，这对草坪越冬和返青十分有利。

在草坪草生长期，为了使坪面平整，易于修剪，将沙、土壤和有机质按原土的土质混合，均匀施入草坪中。一次施量应小于0.5厘米。新建草坪的土壤表面没有凹凸不平的情况，这项工作可不做。

三、缀花草坪

缀花草坪是以禾本科草本植物为主，配以少量观花的其他多年生草本植物，组成观赏草坪。常用的观花植物为多年生球根或宿根植物，如水仙、风信子、鸢尾、石蒜、葱兰、紫花地丁等，其用量一般不超过草坪面积的1/3。为使草坪管理容易，点缀植物多采用规则式种植。

深耕细耙，使土粒细碎，地表平整，土层厚度宜为25～30厘米。在整好的土地上，根据设计要求，首先种植观花植物。如可用图案式种植，也可等距离点缀，为使草坪修剪更容易，也可将草花图案用3厘米厚、20厘米高的水泥板围砌起来，之后进行播种。根据不同草坪草的品种及当地气候特点，按要求播种。

及时清除杂草，保证草坪草的正常生长。小苗长出两叶一芯时应补肥，每平方米可施硫酸铵10克，此后少施氮肥，增施钾肥。适时适量浇水使土壤保持一定的温度，有利于草坪生长。一般情况下每年禾草修剪3次，当年的实生苗可以不修剪。对观花植物，花后应及时剪除残花败叶。注意天气变化，如遇连阴雨天，应防治病虫害。

草坪一般要求适时播种，其适宜的播种期应根据草坪种类生物学特性以及当地的自然条件而异。例如，在冷凉地区，冷季型草坪（如早熟禾）最宜8月中旬至9月中旬秋播。因为其最适生长温度是15～25℃。秋季土壤水分充足，气温逐渐下降，病虫害的蔓延和杂草的生长相对减少，而对草坪的生长发育非常有利。但也不能太晚，过了9月播种则越冬可能受影响。而春播种或夏播则往往是要草和草坪草一起长，草坪生长受杂草的抑制，容易形成草荒。所以冷季型草坪以秋播为好，而暖季型草（如结缕草）播种则是5～7月最好。其最适生长温度为25～35℃，生长季节短，应在雨季夏播，以利于幼苗越冬。在我国南方地区，冷季型禾草也以秋播为宜。

四、匍匐剪股颖草坪

匍匐剪股颖又叫匍匐茎剪股颖、本特草，为冷地型草坪草，是禾本科剪股颖属多年生草本植物。具有长的匍匐枝，节着土生有不定根。性喜冷凉湿润气候，耐阴性强于草地早熟禾，不如紫羊茅。耐寒、耐热、耐瘠薄、较耐践踏、耐低修剪、剪后再生力强。耐盐碱性强于草地早熟禾，不如多年生黑麦草。对土壤要求不严，在微酸至微碱性土壤上均能生长，最适 PH 值为 5.6 ~ 7.0。绿期长，生长迅速，适于寒带、温带及亚热带的广大地区种植。被广泛应用于高尔夫球场果岭球道、足球场、保龄球场等运动场的绿化。

匍匐茎剪股颖适宜的留茬高度为0.5 ~ 1.5厘米，高尔夫球场果岭区为0.5 ~ 0.7厘米。原则是每次剪去草高的 1/3。在生长旺盛期，要及时修剪草坪，如果草层生长过密，基部叶片会因通风透气不良而变黄枯死。在抽穗前增加剪草。如果草长得过高，可以通过多次修剪达到理想的高度。每次修剪应改变方向，以促进草直立生长。

匍匐茎剪股颖性喜肥，在北方春季施肥，南方秋季施肥，尤其在土壤肥力低的条件下，每年早春和晚夏施两次肥。化肥和有机复合肥均可作为草坪肥料施用。一般土壤全价化肥的施用量为 20 千克 / 亩，氮∶磷∶钾控制在 5∶3∶2 为宜。

匍匐剪股颖性喜湿润，需水相对较多，应充足供水以保持叶片色泽碧绿。在年降雨量低于 1000 毫米的地区，需要人工灌水。在湿润地区，干旱时进行灌溉也是非常必要的。浇水应避开中午阳光强烈的时间，应浇透、浇足，至少湿透 5 厘米。一般绿地在秋末草停止生长前和春季返青前应各浇一次透水，这对草坪越冬和返青十分有利。

在已建成的草坪上覆土，有多种目的，包括控制枯草层、平整坪面、促进匍匐枝节间的生长及发育改善土层的通透性，易于进行修剪。将沙、土壤和有机质混合，均匀施入草坪中。一次施量应小于 0.5 厘米。

五、日本结缕草

初夏地温达到 20℃以上时播种，播种量为 10 ~ 15 克 / 平方米，高尔夫球场和运动场的播种量为 15 ~ 20 克 / 平方米。播种深度 0.5 ~ 1 厘米。正常条件下 10 ~ 25 天即可出苗。出苗期应保持土壤湿润，每天需浇水 1 ~ 2 次，少量多浇。日本结缕草生长缓慢，草坪由播种至理想的盖度需 2 个多月的时间。日本结缕草最适宜弱酸至中性沙壤土，在弱碱性土壤中亦可生长。

日本结缕草草坪成坪后，需水量极少。成坪后，应根据草坪的生长状况来决定其浇水次数和数量。幼苗期以前一般不需施肥。结缕草草坪的修剪次数较其他草坪少。成坪后每月修剪 1 次，生长旺盛季节每月修剪 2 次。适宜的留茬高度为 1.5 ~ 4.5 厘米。结缕草一般无病虫害发生，可在春季略施杀菌剂防治病害。防除杂草是建坪成功的关键。成坪以后，结缕草的侵占性极强，其他杂草很难侵入。

六、结缕草草坪

结缕草，禾本科结缕草属多年生草本植物。具直立茎，秆茎淡黄色根较深，可深入土层30厘米以下。叶片革质，长3～4厘米，扁平，具一定韧性。表面有疏毛。花期5～6月，总状花序。果呈绿色或略带淡紫色。有坚硬的地下茎及地上匍匐枝，并能节节生根及节部分分生新的植株。结缕草适应性强，喜阳光及温暖气候，耐高温，耐践踏具有极强的抗干旱能力，并具有良好的韧性和弹性。适于深厚肥沃、排水良好的土壤中生长，成坪后与杂草有较强的竞争力。适用于建植城市绿地、公路护坡、水土保持绿化及高质量的足球场、高尔夫球场等运动场草坪，是我国草坪植物中应用最早的一个草种。

用结缕草种子直播建坪，在坪床准备阶段，可采用80克/平方米复合肥进行第一次施肥。草种播种量为18～25克/平方米，为得到最佳效果，可以用各一半的种子从两个不同方向播种。适宜生长温度为20～35℃，保持土壤的湿润，出齐苗需21～35天。在华东地区6月初，用结缕草种子进行直播建植足球场，60天后草坪覆盖率可达到95%以上。播后用铁锹轻轻拍实，或覆盖少于0.6厘米的沙土层，以使草种与土壤充分接触。

全苗后30天左右可进行第二次施肥，促进草坪生长。在此之后，每年只需春季草坪返青和夏末阶段少量施肥。新建草坪长至7厘米左右时开始修剪，全日照条件下，最佳修剪高度3.5～5厘米，遮阴处为5～6.5厘米。成坪的草坪抗性很强，可承受强烈的践踏而不至损坏。选择春茵的优质草种，中等至低养护条件，即可形成具有弹性、长势均匀、草层致密的优美草坪。

结缕草幼苗生长缓慢，生长期间较易受到杂草的侵害，因而应选择适合其生长的最佳温度时播种，同时可适当增加播种量，或在坪床表面覆盖无纺布或地膜。进入秋季可以对结缕草交播黑麦草草种，以使草坪冬季保持绿色。入秋前逐渐降低草坪修剪高度，到9月中旬草坪留茬高度为1～2.5厘米之间，交播前先对草坪进行低修剪至0.2～0.4厘米，以保证黑麦草播种的成功。

七、白三叶草坪

白三叶为豆科多年生草坪植物，植株低矮，根系发达，寿命一般均在10年以上。主茎短，由茎节上长出匍匐茎，茎节向下产生不定根，向上长叶，具有很强的侵占性，成坪迅速。根部具有较强的分蘖能力和再生能力，保持和豆科根瘤菌共生的特性。三小叶着生于长柄顶端，故名“三叶草”。总状花序，于夏秋两季不断抽出花序。种子成熟后具有自播能力。白三叶喜光及温暖湿润气候，生长最适宜温度为20～25℃，能耐半阴，有较强的适应性。在我国长江流域广为栽培，冬季可保持常绿不枯。对土壤要求不严，只要排水良好，各种土壤皆可生长，尤喜富含钙质及腐殖质黏质土壤。

施肥以磷、钾肥为主，施少量氮肥有利于壮苗。播种前，每亩施过磷酸钙20～25千克以及一定数量的厩肥作基肥。出苗后，植株矮小、叶色黄的，要施少量氮肥，每亩施10千克尿素或相应量的硫酸铵，促进壮苗。在3月追1次复合肥，按每亩30～40千克开沟施入草坪根部，然后浇水，能明显增强长势，提高抗高温的能力，减少死草现象。

白三叶苗期生长缓慢，易受杂草侵害，苗期应勤除杂草，春播的更应该如此。草层高20～25厘米时，可以适当刈割增强通风透气。刈后再生能力强，可迅速形成二茬草层。

高温季节，白三叶停止生长。形成草层覆盖后的 2 ～ 3 年要及时去除大杂草。如果因夏季高温干旱形成缺苗，可在秋季补播，恢复草坪整齐。白三叶病害少，有时也有褐斑病、白粉病发生，可先刈割，再用波尔多液、石硫合剂或多菌灵等防治。白三叶虫害较多，尤其是蛴螬和蜗牛为害严重。对蛴螬选用的药剂为 50% 甲基异柳磷，按每亩地 3 千克兑水 3 吨分别在 4 月中旬和 7 月下旬到 8 月上旬进行喷雾，喷雾后及时喷水，使药水湿透地面 7 ～ 10 厘米，蛴螬接触药土后死亡。此法对少部分大龄幼虫效果仍不够理想。对蜗牛，喷杀虫剂防治效果很差，而用蜗克星颗粒剂在傍晚撒于草坪内，则效果非常好，杀灭率达 90% 以上。

去除枯枝、枯叶，白三叶草在生长过程中，随新老枝叶不断更新生长，地表会逐渐形成一层较厚的枯枝叶层，是病菌、虫卵越冬场所。去除枯枝、枯叶对来年病虫害的发生会起到很好的抑制作用。在寒冷冬季来临之前，浇 1 遍越冬水（渗透 15 ～ 20 厘米），结合防冻施一遍有机肥料，不仅为来年草坪生长提供足够的养分，还具有一定的保温作用。这样通过冬肥、冻水，不但能改善土壤养分、水分状况，确保安全越冬，更为翌年草坪的返青生长创造良好的条件。

八、狗牙根草坪

该草喜光稍耐阴，较抗寒，在新疆乌鲁木齐市栽培，有积雪的情况下能越冬。因系浅根系，且少须根，所以遇夏干气候时，容易出现匍匐茎嫩尖成片枯头。狗牙根耐践踏，喜排水良好的肥沃土壤，在轻盐碱地上也生长较快，且侵占力强，在良好的条件下常侵入其他草坪地生长。在华南用该草建成的草坪绿色期 270 天，华东、华中 245 天，成都 250 天左右。在新疆乌鲁木齐市秋季枯黄较早，绿色期 170 天左右。

狗牙根是禾本科多年生草本植物，具有根茎及匍匐枝，叶片为线形，较小。喜温暖湿润气候，喜光。具发达的根茎及匍匐枝，侵占性强，容易侵入其他草种中混生蔓延扩大，耐践踏性极好；抗寒性及耐旱性在暖季型草中均处于前列；喜偏酸性土壤，但在微量盐碱滩地上也能生长，最适 PH 值为 6.0 ～ 7.0。春季夜间温度高于 15℃时返青，秋季夜间温度低于 10℃开始休眠变黄。

狗牙根可用于一般绿化，运动场草坪、公路护坡及各种水土保持工程，许多改良品种可用于高尔夫果岭等高档次的草坪。可采用直接播种建坪或铺营养体建坪，当用种子繁殖时，脱壳种子的播种量为 10 ～ 1 克/平方米，未脱壳的种子为 15 ～ 20 克/平方米。一般 5 ～ 8 月播种，播种深度为 0.6 ～ 1.2 厘米。出苗时间为 10 ～ 20 天。狗牙根草坪如果修剪留茬过高会导致大量的草垫层的形成，因此要维护高档次的狗牙根草坪，需要频繁的修剪，并保持经常浇灌和充足的肥料；一般的修剪留茬高度为 1.5 ～ 2.5 厘米，对一些改良品种修剪留茬可达 0.8 ～ 1.2 厘米。狗牙根对褐斑病及锈病均有较好的抗性；绝对抗寒性较差，当土壤温度低于 10℃时生长受到影响。

第三节　园林花卉的养护管理解析

园林花卉种类繁多，有着不同的原产地，其生物学特性及生长发育规律各不相同，因此，它们对环境条件的要求也不相同。有相当部分的多年生花卉在绿地中应用，要比其在苗圃的生长过程长得多。如何有效地使用这些园林花卉，提高和延迟园林花卉的观赏性和使用寿命。关键在于养护管理。不同种类的花卉应采取不同的养护管理措施。

一、一、二年生花卉

在当地栽培条件下，春播后当年能完成整个生长发育过程的草本观赏植物称一年生花卉，如鸡冠花、百日草、万寿菊、千日红、一串红、半支莲、凤仙花等；秋播后次年完成整个生长发育过程的草本观赏植物称二年生花卉，如金鱼草、三色堇、羽衣甘蓝、金盏菊、雏菊、矢车菊等。

由于各地气候及栽培条件不同，二者常无明显的界限，园艺上常将二者通称为一、二年生花卉，或简称草花。繁殖方式以播种为主。在景观中应用范围很广，常栽植于花坛、花境等处，也可与建筑物配合种植于围墙、栏杆四周。

一、二年生花卉具有生长周期短，为绿地迅速提供色彩变化；株型整齐，开花一致，群体效果好；种类品种丰富，通过搭配可周年有花；繁殖栽培简单，投资少，成本低；多喜光，喜排水良好肥沃疏松的土壤等特点。所以，对其进行养护管理时应根据相应的特性采取适当的措施。

（一）一、二年生花卉水分管理

一、二年生花卉的根一般比较短浅，因此不耐干旱，应适当多浇水，以免缺水造成萎蔫。根系在生长期，不断地与外界进行物质交换，也在进行呼吸作用。如果绿地积水，则土壤缺氧，根系的呼吸作用受阻，久而久之，因窒息引起根系死亡，花株也就枯黄。所以，花坛绿地排水要通畅、及时，尤其在雨季，力求做到雨停即干。有些花卉怕积水，宜布置在地势高、排水好的绿地。

对一、二年生花卉的灌溉方式来说，漫灌法是在其有条件的情况下常采用的一种方式，因为这样灌一次透水，可使绿地湿润 3 ~ 5 天。用胶管、塑料管引水浇灌也是常用的方法。另外，大面积圃地、园地的灌溉，需用灌溉机械进行沟灌、漫灌、喷灌或滴灌。决定灌溉次数的是季节、天气、土质和花卉本身的生长状况。在夏季时，温度高，蒸发快，灌溉的次数应多于春、秋季；在冬季时，温度低，蒸发慢，则少浇水或停止浇水。同一种花卉不同的生长发育阶段，对水分的需求量也不同。花卉枝叶生长盛期，需要的水分比较多，可多浇水；开花期，则只要保持园地湿润即可；结实期，可少浇水。

（二）一、二年生花卉施肥

在花卉的生长发育过程中，需要大量的养分供给，所以，必须向周围的土壤施入氮、磷、钾等肥料，来补充养料，满足花卉的需求，使其健康地成长。施肥的方法、时期、施入种类、数量应根据花卉的种类、花卉所处的生长发育阶段、土质等确定。一、二年生花卉的施肥可分为以下三种。

第一，基肥。基肥也称底肥。选用厩肥、堆肥、饼肥、河泥等有机肥料加入骨粉或过磷酸钙、氯化钾作基肥，整地时翻入土中，有的肥料如饼肥、粪土有时也可进行沟施或穴施。这类肥料肥效较长，还能改善土壤的物理和化学性能。

第二，追肥。追肥是补充基肥的不足，在花卉的生长、开花、结果期，定期追施充分腐熟的肥料，及时有效地补给花卉所需养分，满足花卉不同生长、发育时期的特殊要求。追肥的肥料可以是固态的，也可以是液态的。追施液肥，常在土壤干燥时，结合浇水一起进行。一、二年生花卉所需追肥次数较多，可 10 ~ 15 天追 1 次。

第三，根外追肥。根外追肥即对花卉枝、叶喷施营养液，也称叶面喷肥。一般用于花卉急需养分补给或遇上土壤过湿时。营养液中，养分的含量极微，很易被枝、叶吸收，此法见效快，肥料利用率高。将尿素、过磷酸钙、硫酸亚铁、硫酸钾等配成 0.1% ~ 0.2% 的水溶液，雨前不能喷施。应于无风或微风的清晨、傍晚或阴天施用，要将叶的正反两面全喷到。一般每隔 5 ~ 7 天喷 1 次。根外追肥与根部施肥相结合，才能获得理想的效果。一般花卉在幼苗期吸收量少，在中期茎叶大量生长至开花前吸收量呈直线上升，一直开花后才逐渐减少。准确施肥还取决于气候、管理水平等。施用时不能玷污枝叶，要贯彻“薄肥勤施”的原则，切忌施浓肥。水、肥管理对花卉的生长、发育影响很大，只有合理地进行浇水、施肥，做到适时、适量，才能保证花卉健壮的生长。

（三）一、二年生花卉整形修剪

一、二年生花卉一般无须大的整形，但是需要及时、合理的修剪，一般运用剪截、摘心、打梢、剥芽、疏叶、疏蕾、绑扎等措施，对茎干、枝叶进行整理来达到整形、促花的目的。修剪时对萌芽性强、容易萌发不定芽的花卉进行重剪，对萌芽性弱、不定芽和腋芽不容易萌发的要施行轻剪、弱剪，或只采取短截、疏枝即可。修剪的主要方法是摘心、剥芽和拔蕾。

1. 摘心法

摘心是指摘除正在生长中的嫩枝顶端。用以抑制枝干顶芽生长，控制植株高度，防止徒长，促进分枝，达到调整株形和延长花期的目的。萌芽分枝力强的花卉，要在开花前多次进行摘心。常需要进行摘心的花卉有一串红、百日草、翠菊、金鱼草、福禄考、矮牵牛等。但如果是植株矮小、分枝又多的三色堇、雏菊、石竹等，主茎上着花多且朵大的球头鸡冠花、凤仙花等，以及要求尽早开花的花卉，不应摘心。

2. 剥芽和剥蕾法

对腋芽萌发力强或萌芽太多、繁密杂乱的花卉，应按栽培目的适当地及时剥除腋芽。如果花蕾过多会使养分分散，为保证顶蕾充分发育、花大形美，应将侧蕾或基部花蕾剥除。对那些生长过旺、枝叶重叠、通风透光不良招惹病害的，要适当除去部分分枝、病虫叶和黄老枯叶，使之枝叶清晰，叶绿花美，达到赏心悦目的目的。此外，对牵牛、茑萝等攀缘缠绕类和易倒伏的可设支架，诱导牵引。

（四）一、二年生花卉中耕除草

在花卉生长期间，疏松植株根际的土壤，增加土壤的通气性，就是中耕。通过中耕可切断土壤表面的毛细管，减少水分蒸发，可使表土中孔隙增加而增加通气性，并可促进土壤中养分分解，有利于根对水分、养分的利用。在春、夏到来后，空地易长草，且易干燥，所以应及时进行中耕。一般在雨后或灌溉后，以及土壤板结时或施肥前进行。在苗株基部应浅耕，株行距中可略深，注意别伤根。植株长大覆盖土面后，可不再进行中耕。

除草要除早、除净，清除杂草根系，特别要在杂草结种子前除清。除草方式有多种，可用手锄和化学除草剂。除草剂如使用得当，可省工省时，但要注意安全。要根据花卉的种类正确使用适合的除草剂，对使用的浓度、方法和用药量也要注意。此外，运用地膜覆盖地面，既能保湿，又能防治杂草。

（五）一、二年生花卉防寒越冬

防寒工作主要针对二年生花卉，二年生花卉是秋季播种，以幼苗过冬。对石竹、雏菊、三色堇等耐寒性较强的花卉，在北方地区可采用覆盖法越冬，一般用干草、落叶、塑料薄膜等进行覆盖。

二、球根花卉

球根花卉是指根部呈球状，或者具有膨大地下茎的多年生草本花卉。偶尔也包含少数地上茎或叶发生变态膨大者。根据地下茎或根部的形态结构，大体上可以把球根花卉分为鳞茎类、球茎类、块茎类、根茎类和块根类五大类，代表花分别为郁金香、唐菖蒲、马蹄莲、美人蕉和大丽花等。球根花卉种类丰富，花色艳丽，花期较长，栽培容易，适应性强，是景观布置中比较理想的一类植物材料。对宿根花卉的养护管理主要在于它们的球根，当然其他方面的养护亦不可少。

（一）球根花卉生长期的管理

许多球根花卉的根又少又脆，断后不能再生新根，所以栽后在生长期间不能移植。其叶片也较少或有定数，栽培中一定要注意保护，避免损伤。否则影响养分合成，不利于新球的生长，以致影响开花和观赏。花后正值新球成熟、充实之际，为了节省养分使球长好，应剪去残花和果实。球根花卉中有的类别应根据需要进行除芽、剥蕾等修剪整形，如大丽花。而其他花卉基本不需要进行此项工作。但在生产球根栽培时，为了使地下部分的球根迅速肥大且充实，也要尽早剥蕾以节省养分。

除此之外，球根要保持完好，不被损伤，特别在中耕除草的时候。球根花卉大多不耐水涝，应做好排水工作，尤其在雨季。花后仍需加强水肥管理。春植球根花卉，秋季掘出贮藏越冬。秋植球根花卉，冬季的时候，在南方大多可以露地越冬，在北方要在冷床或保护越冬。

（二）球根花卉的采收

1. 球根花卉采收时间

球根花卉在停止生长、进入休眠后，大部分种类的球根，需要采收并进行贮藏。渡过休眠期后再栽植。采收要适时：过早，养分尚未充分积聚于球根中，球根不充实；过晚，茎叶枯萎脱落，不易确定土中球根的位置，采收时易遗漏子球。以叶变黄 1/2 ~ 2/3 时为采收适期。

2. 球根花卉采收方法

采收时可掘起球根，除去过多的附土，并适当剪去地上部分。春植球根中的唐菖蒲、晚香玉可翻晒数天，使其充分干燥，大丽花、美人蕉等可阴干至外皮干燥，勿过干，勿使球根表面皱缩。大多数秋植球根，采收后不可置于炎日下曝晒，晾至外皮干燥即可。经晾晒或阴干的球根就可进行贮藏。

3. 球根花卉贮藏

球根成熟采收后，就需要放置室内贮藏，贮藏的好坏会影响花卉栽植后的生长发育。球根贮藏可分为自然贮藏和调控贮藏两种类型。

自然贮藏指贮藏期间，对环境不加人工调控措施，使球根在常规室内环境中度过休眠期。通常在商品球出售前的休眠期或用于正常花期生产切花的球根，多采用自然贮藏。调控贮藏是在贮藏期运用人工调控措施，以达到控制休眠、促进花芽分化、提高成花率以及抑制病虫害等目的。常用的是药物处理、温度调节和气体成分调节等，以调控球根的生理过程。如郁金香若在自然条件下贮藏，则一般 10 月栽种，翌年 4 月才能开花。如运用低温贮藏（17℃经 3 个星期，然后 5℃经 10 个星期），即可促进花芽分化，将秋季至春季前的露地越冬，提早到贮藏期来完成，使郁金香可在栽后 50 ~ 60 天开花。

第四节　草坪、宿根花卉的养护管理措施

一、草坪的养护管理

草坪管理分三个等级。一级草坪管理覆盖率达 95%，无杂草、杂物，生长良好，叶色浓绿；修剪整齐，无病虫害。二级草坪管理覆盖率达 90%，杂草、杂物较少，保持正常生长，叶色正常无枯黄叶；修剪基本整齐，病虫害较少。低于前面标准为三级草坪管理。

（一）草坪的作用和类型

1. 草坪的作用

草坪在绿化中占据比例较大，为提高绿视率起着重要作用。草坪作用有：①覆盖裸露的黄土地面，防止尘土飞扬及水土流失；②净化空气，减弱噪声，调节空气温湿度；③缓解阳光辐射，保护人的视力；④绿色的草坪给人们带来清新、舒适的感受（如小草刚萌发出来或雨后能闻到草坪的清香）。

2. 草坪的类型

按草坪草的生长气候分为两种：①暖季型草坪主要由能忍耐高温和高降水量但不抗低温的草坪草组成。生长最适温度为 26 ~ 32℃，当温度低于 10% 以下时就进入休眠状态。主要分布在热带和亚热带地区，多种植于我国长江流域及以南地区；②冷季型草坪主要由能在寒冷的气候条件下正常生长发育的草坪草组成。生长最适温度为 15 ~ 25℃，气温高于30℃，则草坪草生长缓慢，并且易发生问题。主要分布于我国华北、东北、西北等地区。

按草坪组成分为三种。①纯种草坪又称单纯草坪或单一草坪，是指由一种草本植物组成的草坪。这种草坪生长整齐美观，高矮、稠密、叶色等一致，需要科学种植和精心保养才能实现。园林绿地中普遍受到人们青睐的纯种草坪草是细叶结缕草（天鹅绒草）。②混合草坪是指由两种以上禾本科草本植物混合播种组成的草坪。可按照草坪植物的性能和人们的需要，选择合理的混合比例。如耐热性强和耐寒性强的草种混合，宽叶草种和细叶草种混合；耐践踏和耐强修剪的草坪混合。混合草坪不仅延长了绿色观赏期，而且能提高草坪的使用效果。③缀花草坪在以禾本科草本植物为主体的草地上混种（混生）少量开花艳

丽的多年生草本植物，构成缀花草坪，如在草地上自然地点缀种植水仙、鸢尾、石蒜、葱兰、红花酢浆草等草本及球根地被植物。这些植物的种植面积，一般不超过草坪总面积的1/3。

按草坪的用途分为七种。①游憩草坪这类草坪随（地）形植草，一般面积较大，管理粗放，供人们散步、休息、游戏之用。其特点是可在草坪内配植孤植树、树丛、点缀石景，能容纳较多的游憩者。②观赏草坪又称装饰性草坪。如布置在广场雕塑、喷泉周围和建筑纪念物前等处，作为主景的装饰和陪衬。这类草坪，不允许游人入内践踏，专供观赏之用。③花坛草坪混生在花坛中的草坪称花坛草坪。实际上它是花坛植物的一部分，常作花坛的填充或镶边材料。④疏林草坪树木与草坪配植称为疏林草坪。多利用地形排水，管理粗放，造价低。一般建植在城市近郊或工矿区周围，与疗养区、风景区、森林公园或防护林带相结合。它的特点是夏天可庇荫，冬天有阳光，可供人们活动和休息。⑤运动场草坪供开展体育活动用的草坪称运动场草坪。如足球场、网球场、高尔夫球场及儿童游戏活动场草坪等。⑥飞机场草坪为保持驾驶员的视野，避免栖林飞鸟以及气流扬起灰尘杂物而种植的草地。⑦放牧草坪在森林公园或郊野公园与风景区内以放牧为主的草地。

（二）草坪的排水与灌溉

草坪的需水量也是相当大的，尤其是在干旱的地区，一旦草坪不能及时得到浇灌，极易造成生长不良或是在短期内大面积死亡，有时还会因缺水导致病虫害的感染。当然，水过多也不利于草坪的生长发育，因此，排水问题也应考虑在内。正确的灌溉方法和适当的灌溉时间是保证草坪生长、实现草坪建植目的的重要条件。

1. 草坪的排水

草坪的排水问题应在兴造草坪的时候就开始，平整地面时，不应该有低凹处，以避免积水。理想的平坦草坪的表面是中部稍高，逐渐向四周或边缘倾斜。因此，草坪一般是利用缓坡排水，主要是在一定面积内修一条缓坡地沟道，最低的一边设口接纳排出的地面水，使其从地下管道或其他接纳的河、湖排走。还有的草坪设计的排水设施是用暗管组成一个系统与自由水面或排水管网相连接。

2. 草坪的灌溉

适当的灌溉可促进草坪植物的生长，提高茎叶的耐踏和耐磨性能，并能促进养分的分解和吸收。土壤的封冻期除外，其他时期都应该让草坪土壤保持湿润，尤其是保水性差的草坪。不同类型的草坪具有不同的灌溉时间，冷季型草坪主要灌水时间是3～6月、8～11月，暖季型草坪是4～5月、8～10月，苔草类主要是3～5月、9～10月。一天中灌水的时间应在无风、湿度高和温度较低的夜间或清晨为宜，此时，灌溉的水分损失最少，而中午灌溉则会使草坪冠层湿度过大，易导致病害的发生。

灌溉的次数依据各类草坪的不同需水量而定。土壤保水性好的，只需每周一次，而保水性较差的沙土则应每周两次，每 3 天左右浇一次，对壤土和黏壤，灌溉的基本原则是“一次浇透，干透再灌溉”。应当避免频繁和过量的灌溉，土壤过湿，易使草坪感染病害，降低抵抗力。草坪的灌溉方法有漫灌和喷灌，漫灌极易造成局部水量不足或局部水分过多，甚至“跑水”，所以，常用的方法是喷灌。

现有的喷灌有移动式、固定式和半固定式三种。移动式喷灌不需要埋设管道，但要求喷灌区有天然水源（池塘、小溪、河流等），利用可移动的动力水泵和干管、支管进行灌溉，使用方便灵活。固定式喷灌有固定的泵站（自来水），干管和支管均埋于地下，喷头固定，操作方便、不妨碍地面活动、无碍观赏，但投资大，易被损坏。因此，最好临时安装喷头进行灌溉。半固定式喷灌其泵站和干管固定，支管可移动，适用范围广。

（三）草坪的施肥

对草坪的自身生长和长期美丽外观的维持而言，施肥是必不可少的。一般，草坪草需要的营养元素有氮、磷、钾、钙、镁、硫、铁等，只有充分合理地进行施肥，才能促使草坪生长良好、紧密均匀、根系发达、叶片浓绿和抵抗性强，才能展示优质的景观效果。

l. 草坪的施肥时间

草坪兴造开始时，土壤就应施入一定量的有机肥料做基肥，之后每年应追施 1 ~ 2 次肥。冷季型草坪每年施肥两次，时间为早春和早秋；暖季型草坪应在早春和仲夏进行，北方以春施为主，南方以秋施为主。春季施肥有利于加速草坪草的返青速度和增强夏季草坪的长势，秋季施肥有利于延长绿期，促进第二年生长新的分蘖枝和根茎。另外，还可根据草坪草的外观特征来确定施肥时间，如当草坪颜色褪绿变浅、暗淡、发黄发红、老叶枯死时，就应进行及时的施肥。

2. 草坪的施肥的原则

第一，根据草坪草种类与需要量施肥即按不同草坪草种、生长状况施肥，有的草坪草需氮较多，比如禾本科、莎草科、百合科等单子叶草种，则应以氮肥为主，配合施用磷钾肥。有的草坪植物根具有根瘤，有固氮能力，氮肥需要量相对少，而磷钾肥需要量相对多，比如豆科类。冷季型草坪一般春季轻施，夏季少施，秋季多施。

第二，根据土壤肥力合理施肥一般黏重土壤前期多施用速效肥，但用量不能过多，沙性土壤应多施有机肥，应少施和勤施化肥。

第三，肥料种类要合理搭配不单独施用某一或两种营养元素，满足植物生长中需要的各种营养元素。

第四，灌溉与施肥相结合在干旱的地区，施肥要结合灌溉或降水，才能保证肥效的充分发挥，一般情况下每追一次肥相应灌水一次。

第五，根据肥料的特性施肥。酸性肥料应施入碱性土壤中，碱性肥料应施入酸性土壤中，这样就可以充分发挥肥效和改良土壤。

3. 草坪的施肥方式

草坪的施肥方法主要是撒施、叶面喷肥和局部补肥。选择适当的施肥方法才能使肥料发挥最好的效用，有利于促进草坪的良好生长。

撒施一般是用手撒或用机器撒，原则为撒匀，为了达到要求可以把总肥量分成 2 份，分别以互相垂直方向分两次分撒。切忌有大小肥块落于叶面或地面。避免叶面潮湿时撒肥，撒肥后必须及时灌水。在整个生长期间都可用此法施肥，根据肥料种类不同，溶液浓度为 0.1% ~ 0.3%，选用好的喷洒器，喷洒应均匀。一般小面积的草坪可人工喷洒，大面积的草坪可用机器固定喷洒。草坪中的某些局部长势会明显弱于周边，这时，应及时增施肥料，就叫补肥。补肥种类以氮肥和复合化肥为主，补肥量依草坪的生长情况而定，通过补肥，使衰弱的局部与整体的生长势达到一致。

4. 草坪的施肥产生肥害及补救措施

科学的施肥能够提高草坪的品质，能够促使草坪返青提前，绿期延长，品质提高。然而，施入过量的化肥或未充分腐熟的有机肥，会导致肥害的产生，如不及时补救，会对草坪产生极大的危害。当施入无机肥过量时，会造成土壤溶液浓度过高，使作物对养分和水分的吸收受阻，造成生理干旱，根系吸水困难。一般肥害的症状为：叶片出现水状斑，细胞失水死亡后留下枯死斑点，叶肉组织崩坏，叶绿素解体，叶脉间出现点、块状黑褐色伤斑，并发生烂根、根部变褐、叶片变黄等现象。如果将未充分腐熟的鸡粪、猪粪、人粪尿等施入田间，会分解释放出有机酸和热量，根系由于受到高酸、高温的影响，容易引起植株失水萎蔫。

当草坪发生肥害而不及时补救时，1 ~ 2 周后草坪逐渐死亡。因此，在施肥时必须注意严格掌握好浓度，切不可超过规定而任意加大。一旦出现肥害，应立即采取相应措施。如果是土壤浓度过高引起的，可立即浇一次水进行缓解，使其逐渐恢复生机。如果是根外追肥时浓度过高引起的，浇水后需追喷一次 600 ~ 800 倍的 PA–101 溶液，再结合浇一次小水，即可缓解。若草坪因喷农药或生长抑制剂过多，而出现生长异常现象时，也可喷洒 600 ~ 800 倍的 PA–101 溶液进行解救。

（四）草坪的修剪

草坪的修剪是所有草坪养护管理中最基本又最重要的，如果不修剪，草坪草徒长，枯草层增厚，病虫害滋生，就很难保持致密的草皮，并且缺少弹性，草坪退化加快。要使其保持整洁美丽的外观，充分发挥其所有功能，则必须有相对多的定期修剪。

1. 草坪修剪时间及频率

就全年而论，草坪修剪的时间一般在 4 ~ 11 月。因为春季是草坪根系生长量最大的季节，进行过度修剪，会减少营养物质的合成，从而阻止草坪根系纵向和横向的发育。春季贴地面修剪会形成稀而浅的根系，这必将减弱草坪草在整个生长期的生长。所以，无论是冷季型草还是暖季型草，都不需多次修剪。修剪的时间、次数都应该按照不同草生长状况的不同而定。对修剪的次数而言，修剪高度对其有很大影响。一般情况下要求修剪得越低，修剪次数就越多；要求修剪得越高，修剪次数就会相应地越少。

2. 草坪修剪的高度

留茬高度是指修剪之后测得的地面上枝条的高度。一般草坪的留茬高度为 3 ~ 4 厘米，足球场的草坪留茬高度为 2 ~ 4 厘米，耐阴草坪的留茬高度可能会更低些。修剪高度范围是由草种的特性决定的，剪去的部分应小于叶片原本高度的 1/3。通常草坪草长到 6 厘米时就应修剪，如果超过这个限度，将导致草坪直立生长，而无法形成致密的草坪。草坪草的修剪高度是有限度的，否则会产生不良效应。修剪过低时，草坪草的茎部受伤害，大量的生长茎叶被剪除，使草丧失了再生能力；而且大量茎叶被剪除，植物的光合作用受到限制，草坪处于亏供状态，导致根系减少，贮存养分耗尽，草坪衰退，产生草坪“秃斑”。草坪修剪过高，将产生一种蓬乱、极不整洁的感觉，同时芜枝层密度增加，嫩苗枯萎，顶端弯曲，叶质粗糙，使草坪的密度大大下降。

3. 草坪的修剪方式

同一草坪应使用不同的方式修剪，防止它在同一地点、同一方向的多次重复修剪，否则很可能造成该处的草坪长势弱，使草叶定向生长。采用“之”字形修剪法是草坪修剪中常用的方法，即在一定面积的草坪上来回修剪。这样，草的茎叶的倾斜方向不同，对光线的反射方向发生变化，在视觉上产生明暗相间的条纹状，增加草坪的美学外观。

剪草机类型的选择也能影响草坪的修剪质量。通常，剪草机分为两种，一种是旋刀式剪草机，另一种是滚筒式剪草机。要选择最佳的剪草机往往应考虑到草坪品质、留茬高度、草坪草类型及品质、刀刃设备、修剪宽度及配套动力等因素，实则就是选用经济实用的机型。滚筒式剪草机，滚轴旋转时叶片被卷进锋利的刀床并被剪断，它可以将草剪割得十分干净，是高质量草坪最适用的机型，但其价格和保养标准都很高。因此最流行的还是旋刀式剪草机。但是旋刀式剪草机的剪割不是十分整齐、干净，故多用于低保养草坪的修剪。当然，修剪后，留在草坪上的草屑应将其清除，否则不仅影响美观，而且容易滋生病菌。但是如果较少时就不需要清理，因为它们落到地表会增加土壤肥力。

（五）草坪的除草

我国常见的单子叶一年生草坪杂草有狗尾草、马唐、画眉草、虎尾草等，多年生杂草有香附子、冰草、白茅等，双子叶一年生草坪杂草有灰菜、免菜、龙菜、马齿苋、蒺藜、鸡眼草、蔚蓄等，二年生草坪杂草有萎陵菜、夏至草、附地菜、臭蒿、独行菜等，多年生草坪杂草有苦菜、田旋花、蒲公英、车前草等。杂草与草坪争水、争肥、争光照，不但危害草坪草的生长，同时还会使草坪的品质、艺术价值或功能显著退化，尤其是在公园中，杂草将大大地影响草坪的外观形象。所以，必须及时防除杂草。

l. 草坪杂草人工防除

人工除草是草坪除草常用的方式，比较灵活，不受时间与天气的限制，用手拔草既能将杂草拔除，又不影响草坪的美观。对大型草坪，定期的修剪也能抑制杂草的生长，减弱杂草的生存竞争能力，以达到防除杂草的目的。

2. 草坪杂草化学防除

还有一种方式就是化学除草。有专门防除杂草的化学除草剂，如 2，4–D 类，二甲四氯类化学药剂 750 ~ 1125 毫升 / 平方千米能杀死双子叶植物，而对单子叶植物很安全。用量 0.2 ~ 1.0 毫升 / 平方千米。还有有机碑除草剂、甲碑钠等药剂，可防除 1 年生杂草。使用化学除草剂，应在杂草正处于旺盛的状态时，最好气温是 18 ~ 29℃时，效果会相对较好。此外，还应注意用药量及安全。

草坪不同时期杂草化学防除措施。草坪杂草的防除，在播种前、播种后苗前，苗期以及成熟草坪所应用的除草剂及施用方法是不同的。为了草坪草的安全起见，所用的除草剂最好预先进行小面积的试验，以测定在当地环境条件下，所使用的除草剂及使用剂量对草坪草的安全性。

首先，播种或移栽前杂草的防除。一般可在播种前或移栽前，灌水诱发杂草萌发，杂草萌发后幼苗期根据杂草发生的种类选择使用灭生性或选择性除草剂，进行茎叶喷雾处理。

其次，播种后苗前杂草的防除。在播种后，杂草和草坪草发芽前，用苗前土壤处理剂处理。根据草坪草、杂草的种类选用不同的选择性除草剂，进行土壤喷雾封闭处理。播种后苗前施用除草剂的风险性极大，极易出现药害，为保证草坪草的绝对安全，一定要对草坪草进行安全性试验。

再次，草坪幼苗期或草坪移栽后杂草的防除。草坪草幼苗对除草剂很敏感，最好延迟施药，直到新草坪已修剪 2 ~ 3 次再施药。如果杂草严重，必须严格处理，可选用对幼苗安全的除草剂，在杂草 2 ~ 3 叶期进行茎叶处理。

最后，成熟草坪上杂草的防除分为以下三种。

第一，一年生杂草的防除。一年生杂草主要为禾草，可根据除草剂的特性和草坪草种，选适当的除草剂进行防除，主要使用芽前除草剂进行土壤处理。防除一年生杂草的芽前除草剂有 48% 地散磷乳剂、25% 恶草酮（恶草灵）乳油、50% 环草隆可湿性粉剂等。一年生禾本科杂草的出土高峰期在 6 ~ 7 月，这些芽前除剂必须在杂草种子萌发前 1 ~ 2 周施用。最好以“药沙法”撒施，拌沙量为30克/平方米，施药后灌水。使用芽后除草剂在禾本科草坪中进行茎叶喷雾来防除禾本科杂草，从选择的角度来看难度较大，可供利用的除草剂种类相对较少。防除一年生杂草的芽后除草剂有坪绿2号、坪绿3号等，在杂草苗后早期生长阶段施用。

第二，多年生杂草的防除。在生产上防除多年生禾草如芦苇、白茅等较困难，尤其是在冷季型草坪上。防除该类杂草除参照苗前土壤处理法外，主要选择灭生性除草剂如草甘膦，以涂抹或定向喷雾的方法施药防除。莎草科的香附子、苔草等可用25%灭草松水剂5～7L/公顷防治，效果很好，且对草坪草的毒性小。

第三，阔叶杂草的防除。阔叶除草剂有的也能混用，可防除藜、马齿苋、繁缕、苍耳、蒲公英、蔚蓄、酸模、车前类、野胡萝卜等多种阔叶杂草，并且药效增强。

3. 草坪杂草综合防除

草坪杂草防除应以预防为主，施行综合防除。即针对各种杂草的发生情况，采取相应措施，创造有利于作物生长发育而不利于杂草休眠、繁殖、蔓延的条件。综合防除的具体措施有以下几点。

第一，杂草检疫制度的严格。植物检疫，即对国际和国内各地区所调运的种子苗木等进行检查和处理，防止新的外来杂草远距离传播，是防止杂草传播蔓延的有效方法之一。许多检疫性杂草的传播是在频繁调种中传入的。因此，必须加强检疫制度，遵守有关检疫的规章制度，严防引种时传入杂草。

第二，草坪周围环境的清洁。草坪周边环境中的杂草是草坪杂草的主要来源之一，这些地方的杂草种子通过风吹、灌溉、雨淋等方式进入草坪。所以应及时除去草坪周边如路边、河边及住宅周围等环境的杂草，减少草坪杂草来源。农家肥中往往含有大量杂草种子，因此农家肥要经过50～70天的堆肥处理，经腐熟杀死杂草及其种子后才能使用。

第三，适时播种，使用合理的建植方法。草坪杂草的生长需要一个适合的生态位，因此，在草坪草种的选用和搭配上应注意结合适当密植草坪草，建立起草坪草的最大生态位，压缩杂草的生态位，降低杂草生长的空间。例如，选择冷季型草坪草与暖季型草坪草混合播种建植草坪，可以最大限度地降低杂草的生态位，迫使杂草因缺肥、缺光而生长不良或死亡，从而降低草坪杂草的竞争优势。阔叶草坪则应适当增加草坪草种植密度，抑制杂草的生长危害。也可以选用或选育抗草甘膦的草坪草品种，使草坪杂草的药剂防除技术简单化，低耗、高效、安全地对草坪杂草进行防除。

对草坪建植基地杂草及其种子的处理效果直接决定了草坪建成后草坪杂草的发生与危害程度。由于土壤中存在一个庞大的杂草“种子库”，大量的杂草种子被掩埋在土壤的不同深度，因此，“种子库”中的杂草萌发很不整齐，只要条件适宜，杂草种子就会陆续萌发生长危害。

因此，要求在草坪建坪前的 1 ~ 2 年里连续对拟用以建植草坪的基地上的杂草及其种子采用药剂熏蒸或灭生的方法进行彻底处理。可以选用灭生性除草剂于春季杂草 3 ~ 4 叶期喷施除草，效果理想。对没有死亡的多年生杂草可以用圆盘耙进行耙除，也可以用内吸性灭生除草剂进行防除，对少数难以防除的杂草，结合人工拔除的方法彻底将多年生宿根性杂草的宿根彻底杀死或拔除。对有些依靠种子进行繁殖的杂草，应掌握在种子成熟前将其彻底杀灭，降低土壤中杂草"种子库"中的杂草种类和数量。可以多次间隔浇水促进"种子库"中的杂草种子萌发，然后用灭生性除草剂进行彻底防除。需要在当年建植的草坪应在 5 月前用百草枯或 2，4–D 丁酯 + 精恶唑禾草灵进行集中防除。也可以选用具有灭生性的溴甲烷等熏蒸剂进行熏蒸处理。

（六）草坪的更新复壮

1. 草坪退化的原因

自然原因，引起草坪退化，使其进入更新改造时期的自然因素有以下几种：①草坪的使用年限已达到草坪草的生长极限，草坪就已进入更新改造时期；②由于建筑物、高大乔木或致密灌木的遮阴，致使部分区域的草坪因得不到充足阳光而难以生存；③病虫害侵入造成秃斑；④土壤板结或草皮致密，致使草坪长势衰弱。

建坪及管理因素：①盲目引种造成草坪草不能安全越夏、越冬，选用的草种习性与使用功能不一致，致使草坪生长不良；②没有经过改良的坪床，不能给草坪草的生长发育提供良好的水、肥、气、热等土壤条件；③坪床处理不规范（包括坡度过大、地面不平、精细不一）造成雨水冲刷、凹陷；④播种不均匀，造成稀疏或秃斑；⑤不正确地使用除草剂、杀菌、灭虫剂，以及不合理地施肥、排灌、刈割造成的伤害。

人为因素：①过度使用的运动场区域，如发球区和球门附近，常因过度践踏而破坏了草坪的一致性；②在恶劣气候下进行运动，对草坪造成破坏；③草坪边缘被严重践踏；④粗暴的破坏行为。

2. 草坪更新复壮的措施

更新复壮是保证草坪持久不衰的一项重要的护理工作，作为养护管理工作者，当发现草坪已退化时，可采取以下几种措施进行更新。

第一，带状更新法。对具有匍匐茎分节生根的草，如野牛草、结缕草、狗牙根等，长到一定年限后，草根密集老化，蔓延能力退化，可每隔 50 厘米挖走 50 厘米宽的一条，增施泥炭土或堆肥泥土，重新垫平空条土地，过一两年就可长满，然后再挖走留下的 50 厘米，这样循环往复，4 年就可全面更新一次。若草坪退化的主要原因是土壤酸度或碱度过大，则应施入石灰或硫黄粉，以改变土壤的 PH 值。石灰用量以调整到适于草坪生长的范围为度，一般是每平方米施 0.1 千克。

第二，断根更新法。针对由于过度践踏而造成土壤板结，引起的草坪退化，可以定期在建成的草坪上，用打孔机将草坪地面扎成许多洞孔。孔的深度约 10 厘米，洞孔内施入肥料，促进新根生长。另外，也可用齿长为三四厘米的钉筒滚压，也能起到疏松土壤、切断老根的作用，然后在草坪上撒施肥土，促其萌发新芽，达到更新复壮的目的。针对一些枯草层较厚、土壤板结、草坪草稀密不均、生长期较长的地块，可采取旋耕断根栽培措施。方法是用旋耕机普旋一遍，然后浇水施肥，既达到了切断老根的效果，又能使草坪草分生出许多新苗。

第三，铺植草皮法。对轻微的枯秃或局部杂草侵占，将杂草除掉后及时进行异地采苗补植。移植草皮前要修剪，补植后要踩实，使草皮与土壤结合紧密。如果退化草坪处于地形变化大或土壤难以改造的地块时，应采用铺设草块的方法来恢复。具体铺设时应注意：铲除受损草坪；挖松或回填土壤，施入肥料，尤其是过磷酸钙；草皮铺设，高出健康坪面 6 毫米左右，铺设间距 1 厘米左右；用堆肥、沙土各 50% 的混合物填入草坪间隙；铺设后确保 2 ~ 3 周内草坪不干，通常 3 天后，草坪卷长出新根，故第一周内保持土壤湿润最为重要；较大地块应适当进行镇压。

第四，一次更新法。如草坪退化枯秃达 80% 以上，可采取补播法或用匍匐茎无性繁殖法。播种前，应把裸露地面的草株沿斑块边缘切取下来，垫入肥沃土壤，厚度要稍高于周围的草坪土层，然后平整地面；播种时，所播草种需与原来草种一致，并对种子进行处理；植草后浇透水，等晾干用磙子压实地面，使其平整。对修复的草坪应精心养护，使之早日与周围草坪的颜色一致。

二、宿根花卉养护管理

宿根花卉是植株地下部分宿存于土壤中越冬，翌年春天地上部分又萌发生长、开花结籽的花卉。宿根花卉比一、二年生花卉有着更强的生命力，一年种植可多年开花，是城镇绿化、美化极适合的植物材料。而且节水、抗旱、省工、易管理，合理搭配品种完全可以达至“三季有花”的目标，更能体现城市绿化发展与自然植物资源的合理配置。常见种类有芍药、石竹、漏斗菜、荷包牡丹、蜀葵、天蓝绣球、铃兰、玉簪类、射干、鸢尾类等。宿根花卉一次栽植，可多年赏花，但前提还是要对它们进行精心的养护，一般分期管理较好。

（一）宿根花卉土、肥、水的管理

在栽植时，应深翻土壤，并大量施入有机质肥料，以保证较长时期的良好的土壤条件。此外，不同生长期的宿根花卉对土壤的要求也有差异，一般在幼苗期间喜腐殖质丰富的疏松土壤，而在第二年以后则以黏质壤土为佳。定植后一般管理比较简单、粗放，施肥也可减少。但要使其生长茂盛，花多花大，最好在春季新芽抽出时施以追肥，花前、花后可再追肥一次。秋季叶枯时可在植株四周施以腐熟厩肥或堆肥。宿根花卉比一、二年生花卉耐干旱，适应环境的能力较强，浇水次数可少于一、二年生花卉。但在其旺盛的生长期，仍需按照各种花卉的习性，给予适当的水分，在林眠前则应逐渐减少浇水。另外，需要注意排水的通畅性。

（二）宿根花卉整形修剪

宿根花卉一经定植以后连续开花，为保证其株形丰满，达到连年开花的目的，还要根据不同类别采取不同的修剪手段。

1. 宿根花卉修剪

在养护时可利用修剪来调节花期与植株高度。如荷兰菊自然株型高大，想要求花多、花头紧密，国庆节开花，就应修剪 2 ～ 4 次。5 月初进行一次修剪，株高以 15 ～ 20 厘米为好；7 月再进行第二次修剪，注意分枝均匀，株型均称、美观，或修剪成球形、圆锥形等不同形状；9 月初最后一次修剪，此次只摘心 5 ～ 6 厘米，以促进分枝、孕蕾，保证国庆节开花。

2. 宿根花卉摘心

多年开花，植株生长过于高大，下部明显空虚的应进行摘心，有时为了增加侧枝数目、多开花而摘心。如宿根福禄考，当苗高 15 厘米左右时，进行摘心，以促发分枝，控制株高，保证株丛丰满矮壮，增加花量及延迟开花。

3. 宿根花卉剥蕾

在花蕾形成后，为保证主蕾开花营养，而剥除侧蕾，以提高开花质量。如菊花 9 月份现蕾后，每枝顶端的蕾较大，称为“正蕾”，开花较早；其下方常有 3 ～ 4 个侧蕾，当侧蕾可见时，应分 2 ～ 3 次剥去，以免空耗养分，可使正蕾开花硕大。有时为了调整开花速度，使全株花朵整齐开放，则分几次剥蕾，花蕾小的枝条早剥侧蕾，花蕾大的晚剥蕾，最后使每枝枝条上的花蕾大小相似，开花大小也近似。

（三）宿根花卉防寒越冬

如何防寒越冬是花卉管理必须注意的事情，宿根花卉的耐寒性较一、二年生花卉强，无论冬季地上部分落叶的，还是常绿的，均处于休眠、半休眠状态。常绿宿根花卉，在南方可露地越冬，在北方应温室越冬。落叶宿根花卉，大多可露地越冬。露地越冬需采取培土或灌水的方式保温防寒。培土法，就是将花卉的地上部分用土掩埋，翌春再清除泥土，如芍药。灌水法就是利用水有较大的热容量的性能，将需要保温的园地漫灌。这样既提高了环境的湿度，又对花具有保温增湿的效果。这种方法在宿根花卉中很常用。覆盖法也是宿根花卉可以采用的越冬方式。

参考文献

[1] 张志伟，李莎 . 园林景观施工图设计 [M]. 重庆：重庆大学出版社，2020.

[2] 张学礼 . 园林景观施工技术及团队管理 [M]. 北京：中国纺织出版社，2020.

[3] 陆娟，赖茜 . 景观设计与园林规划 [M]. 延吉：延边大学出版社，2020.

[4] 张鹏伟，路洋，戴磊 . 园林景观规划设计 [M]. 长春：吉林科学技术出版社，2020.

[5] 张炜，范玥，刘启泓 . 园林景观设计 [M]. 北京：中国建筑工业出版社，2020.

[6] 孟宪民，刘桂玲 . 园林景观设计 [M]. 北京：清华大学出版社，2020.

[7] 骆中钊 . 城镇园林景观 [M]. 北京：中国林业出版社，2020.

[8] 赵小芳 . 城市公共园林景观设计研究 [M]. 哈尔滨：哈尔滨出版社，2020.

[9] 张颖璐 . 园林景观构造 [M]. 南京：东南大学出版社，2019.

[10] 彭丽 . 现代园林景观的规划与设计研究 [M]. 长春：吉林科学技术出版社，2019.

[11] 盛丽 . 生态园林与景观艺术设计创新 [M]. 江苏凤凰美术出版社，2019.

[12] 黄维 . 在美学上凸显特色园林景观设计与意境赏析 [M]. 长春：东北师范大学出版社，2019.

[13] 李琰 . 园林景观设计摭谈从概念到形式的艺术 [M]. 北京：新华出版社，2019.

[14] 朱宇林，梁芳，乔清华 . 现代园林景观设计现状与未来发展趋势 [M]. 长春：东北师范大学出版社，2019.

[15] 王皓 . 现代园林景观绿化植物养护艺术研究 [M]. 江苏凤凰美术出版社，2019.

[16] 肖国栋，刘婷，王翠 . 园林建筑与景观设计 [M]. 长春：吉林美术出版社，2019.

[17] 刘娜 . 传统园林对现代景观设计的影响 [M]. 北京：北京理工大学出版社，2019.

[18] 李方联 . 意境与园林景观营造 [M]. 长春：吉林大学出版社，2019.

[19] 蓝颖，廖小敏 . 园林景观设计基础 [M]. 长春：吉林大学出版社，2019.

[20] 刘洋，庄倩倩，李本鑫 . 园林景观设计 [M]. 北京：化学工业出版社，2019.

[21] 宋建成，吴银玲 . 园林景观设计 [M]. 天津：天津科学技术出版社，2019.

[22] 赵宇翔 . 园林景观规划与设计研究 [M]. 延吉：延边大学出版社，2019.

[23] 康志林 . 园林景观设计与应用研究 [M]. 长春：吉林美术出版社，2019.

[24] 陆燕燕 . 园林植物与园林景观规划设计研究 [M]. 天津：百花文艺出版社，2019.

[25] 郭媛媛，邓泰，高贺 . 园林景观设计 [M]. 武汉：华中科技大学出版社，2018.

[26] 骆明星，韩阳瑞，李星苇 . 园林景观工程 [M]. 北京：中央民族大学出版社，2018.

[27] 黄仕雄 . 园林景观场景模型设计 [M]. 南京：东南大学出版社，2018.

[28] 杨湘涛 . 园林景观设计视觉元素应用 [M]. 长春：吉林美术出版社，2018.

[29]路萍，万象.城市公共园林景观设计及精彩案例[M].合肥：安徽科学技术出版社，2018.

[30] 吕敏，丁怡，尹博岩 . 园林工程与景观设计 [M]. 天津：天津科学技术出版社，2018.

[31] 曾筱著；李敏娟 . 园林建筑与景观设计 [M]. 长春：吉林美术出版社，2018.

[32] 胡平，侯阳，张思 . 园林景观设计 [M]. 哈尔滨：哈尔滨工程大学出版社，2018.

[33] 李钢 . 园林景观设计 [M]. 北京希望电子，2018.